シリーズ
ニッポン再発見
1

マンホール
意匠があらわす日本の文化と歴史

石井英俊［著］

Series
NIPPON Re-discovery
Manhole

ミネルヴァ書房

巻頭カラー特集

マンホールから見える日本の文化と歴史

日本全国に約1400万個もあるといわれるマンホール。地味で目立たない存在ですが、じつは、全国各地の名所旧跡や名産品などをデザインしたカラフルなマンホールがたくさんあります。

本文の写真番号▶発見場所（本文掲載ページ）

写真情報凡例

きっかけ

001▶三重県伊勢市（→P1）

＊マークがついた市町村名は、マンホール発見当時のもので、合併前の旧市町村名。

県庁所在地

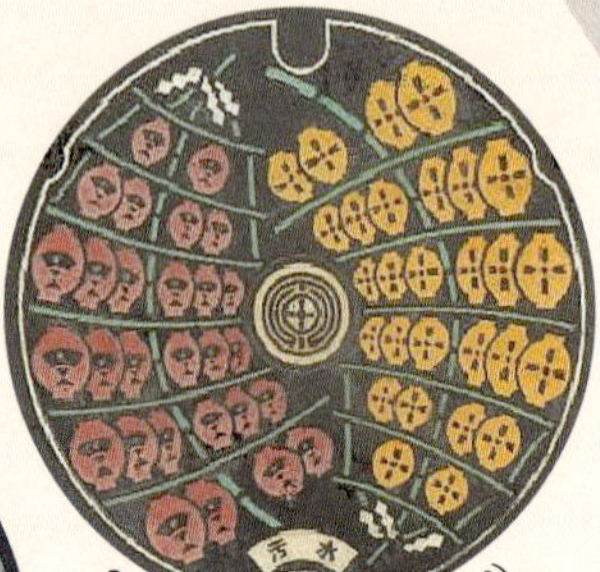

108▶秋田県秋田市(→P12)

111▶茨城県水戸市(→P15)

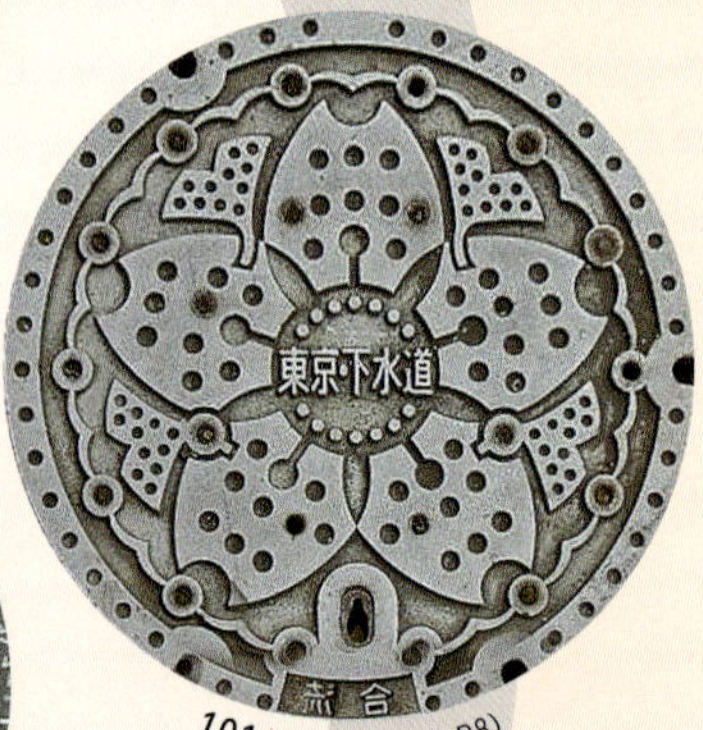

101▶東京都(→P8)

114▶群馬県前橋市(→P16)

125▶新潟県新潟市(→P22)

115▶埼玉県さいたま市(→P17)

124▶新潟県新潟市(→P21)

127▶富山県富山市(→P23)

117▶千葉県千葉市(→P18)

122▶長野県長野市（→P20）

139▶大阪府大阪市（→P29）

130▶福井県福井市（→P24）

136▶滋賀県大津市（→P28）

143▶奈良県奈良市（→P31）

149▶広島県広島市（→P34）

150▶広島県広島市（→P35）

155▶香川県高松市（→P37）

145▶鳥取県鳥取市（→P32）

162▶熊本県熊本市（→P41）

214▶山梨県富士吉田市（→P52）

202▶静岡県静岡市（→P47）

204▶静岡県富士市（→P48）

223▶埼玉県三芳町（→P55）

203▶静岡県静岡市（→P47）

201▶静岡県清水市*（→P46）

211▶静岡県焼津市（→P50）

221▶東京都小平市（→P54）

218▶山梨県河口湖町*（→P53）

235▶秋田県十文字町*（→P60）

241▶福井県武生市（→P63）

227▶北海道京極町（→P57）

歴史的建造物

315▶山形県鶴岡市(→P76)

306▶北海道函館市(→P71)

312▶埼玉県川越市(→P74)

316▶山形県酒田市(→P76)

310▶愛媛県宇和町*(→P73)

313▶埼玉県岩槻市*(→P75)

城

330▶埼玉県行田市(→P84)

326▶秋田県五城目町(→P83)

336▶新潟県松代町*(→P88)

322▶愛知県犬山市(→P80)

352▶大分県中津市(→P96)

331▶千葉県関宿町*(→P85)

348▶大阪府岸和田市(→P94)

祭り

411▲秋田県能代市(→P105)

412▲秋田県湯沢市(→P105)

409▲宮城県石巻市(→104)

414▲秋田県男鹿市(→P106)

416▲秋田県角館町*(→P107)

407▲岩手県釜石市(→P103)

419▲山形県尾花沢市(→P108)

426▲埼玉県上尾市(→P111)

420▲山形県大江町(→P108)

430▲神奈川県平塚市(→P113)

429▲東京都福生市(→P113)

伝統芸能

450▶東京都八王子市（→P126）

454▶新潟県月潟村*（→P128）

456▶石川県輪島市（→P129）

459▶埼玉県毛呂山町（→P131）

伝統産業

519▶福岡県久留米市（→P143）

524▶埼玉県小川町（→P146）

528▶埼玉県大宮市*（→P148）

532▶奈良県大和郡山市（→P150）

539▶山形県天童市（→P153）

544▶青森県黒石市（→P156）

550▶福岡県甘木市*（→P159）

551▶福岡県芦屋町（→P160）

614▶富山県氷見市（→P169）

612▶埼玉県吉川市（→P168）

601▶北海道函館市（→P162）

特産物

652▶茨城県総和町*（→P189）

611▶岩手県宮古市（→P167）

615▶長野県明科町*（→P170）

624▶長野県三郷村*（→P175）

626▶長野県飯田市（→P176）

640▶山形県寒河江市（→P183）

スポーツ

713▶秋田県神岡町*（→P199）

701▶長野県長野市（→P192）

717▶埼玉県戸田市（→P202）

709▶埼玉県さいたま市（→P197）

715▶神奈川県横浜市（→P201）

はじめに

最初の出逢いは、三重県伊勢市のマンホールでした。

写真001は昔の伊勢神宮への「おかげまいり」を描いたものです。マンホールにこのような絵柄が描かれているのを見て、〝これは面白い〟と感じた方も数多くいらっしゃると思います。私もその一人で、このマンホールをきっかけに、全国のマンホールの写真を集め始めたのが18年ほど前のことです。以来１６００以上の市町村のマンホールの写真を撮り続けてきました。相棒の折りたたみ自転車に乗り、ときには時刻表とにらめっこしながら、各駅停車を乗り継いで。

定年退職前は東京都の下水道局に勤務していましたが、マンホールとは縁のない〝下水処理場の水質検査〟が専門でした。それがむしろ幸いして、下水道関係者であるにもかかわらず、マンホールのデザインに興味を持ったのかもしれません。職場でも変人扱いでしたから。

001

下水道は各市町村がおこなう事業であり、マンホールの蓋も市町村が独自に作っています。マンホールの写真を見ると、絵柄の多くはその市町村の「花・木・鳥」などですが、なかにはお祭りや風景、その土地の歴史にちなんだものや名産品など、いろいろなものが取り上げられています。また同じ花・木・鳥でも描かれ方が違っていたりして、見ていて興味深いものです。

写真002は青森県弘前《ひろさき》市のマンホールです。何が描かれているかおわかりでしょうか? リンゴの実です。また**写真003**は群馬県草津町のものですが、「サ」が9つで草津の「クサ」です。このように、まるで〝なぞなぞ〟のようなマンホールもあります。

諸外国のマンホールは、ごく一部を除いては滑り止めのための模様があるだけで、日本のような市町村の特徴を描いているものはないようです。合理性一辺倒の諸外国に対し、「無駄・ゆとり」や「ふるさとへの愛着」など、日本の文化の一端をマンホールに見ることができると思います。それが外国の方たちにとっても興味を引くところであるのでしょう。

絵柄の由来については、地名辞典・各市町村の観光案内などを参考に調べてみました。面白そうなマンホールについては下水道に限らず、消火栓や水道など他事業のものも取り上げています。カラーのマンホールについ

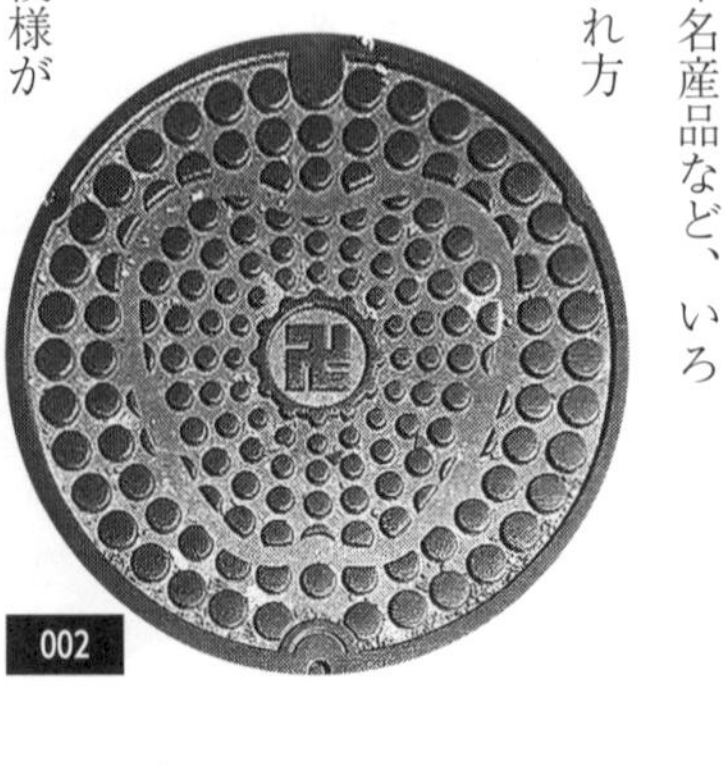
002

003

ては、記憶のある限り設置されている場所も記載しましたが、年を経て擦り減るなどして傷んでいる場合もあるかもしれません。

また平成の大合併により、多くの市町村がなくなったり名称が変わったりしました。新たなデザインマンホールを作ったところもありますが、旧町村のデザインで名称を変えただけのものもありました。下水道の普及が進んでいるところでは、なかなか新しいデザインの蓋に出合えないこともありました。古くなった蓋を入れ換える際に、前のデザインで残っているものを使うからです。合併で市町村が消えても、〝昔の名前で出ている〟マンホールは、しばらくのあいだ楽しめそうです。合併前の市町村の状況を知るために、私の書棚には古い道路地図が堂々と並んでいます。

ところで、「マンホール」の日本語は「人孔《じんこう》」で、地下構造物を維持管理するための構造物全体を指します。今回取り上げたのは正しくは「マンホールの蓋」なのですが、煩雑になりますので「マンホール」と表記させていただくことにします。

それではマンホールを眺めながら、日本各地の旅に出かけてみましょう。

※ 000 000 ……マンホールの写真についている番号には、2種類のタイプがあります。
白地の番号表示のマンホールは、口絵にカラー画像を掲載しています。

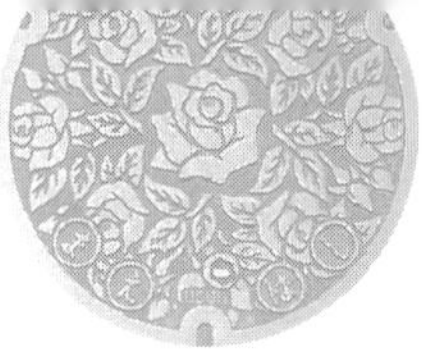

目次

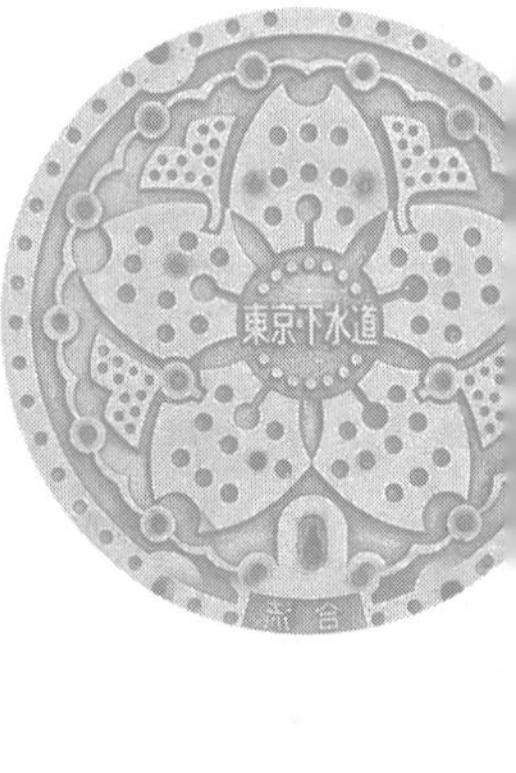

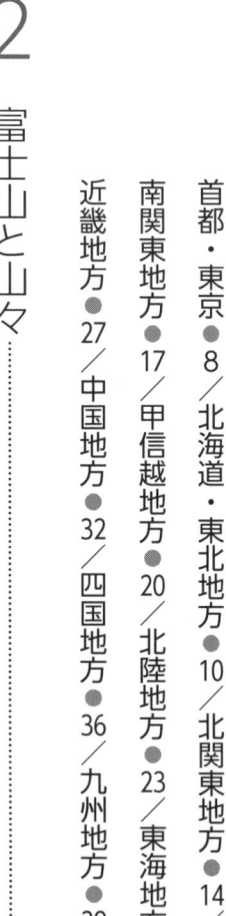

いしのまき
おすい

1 県庁所在地を訪ねて

首都・東京

まず手始めに、日本全国の各都道府県庁所在地のマンホールを見てみましょう。マンホール全国縦断の旅。スタートは、首都・東京です。

マンホールの蓋の絵柄に多く見られるのは、花・木・鳥などです。その理由は、各市町村のシンボルとなる花・木・鳥などが選ばれていることが多いからです。

東京都のマンホールも例外ではありません。**写真101**は東京都の下水道のマンホールです。都の花はソメイヨシノ、木がイチョウ、鳥はユリカモメです。では、ユリカモメはどこに描かれているでしょう?（答えは**写真101**のキャプションを参照）こうして隠れた絵柄を探す楽しみも、マンホールの旅の醍醐味といえます。

下水道事業は市町村でおこないますが、東京都の23区については、東京都がまとめておこなっています。より効率的に下水を処理するためです。そのためマンホールの絵柄には東京都のシンボルが描かれています。

多摩地区については、下水管の敷設は各市町村がおこな

101
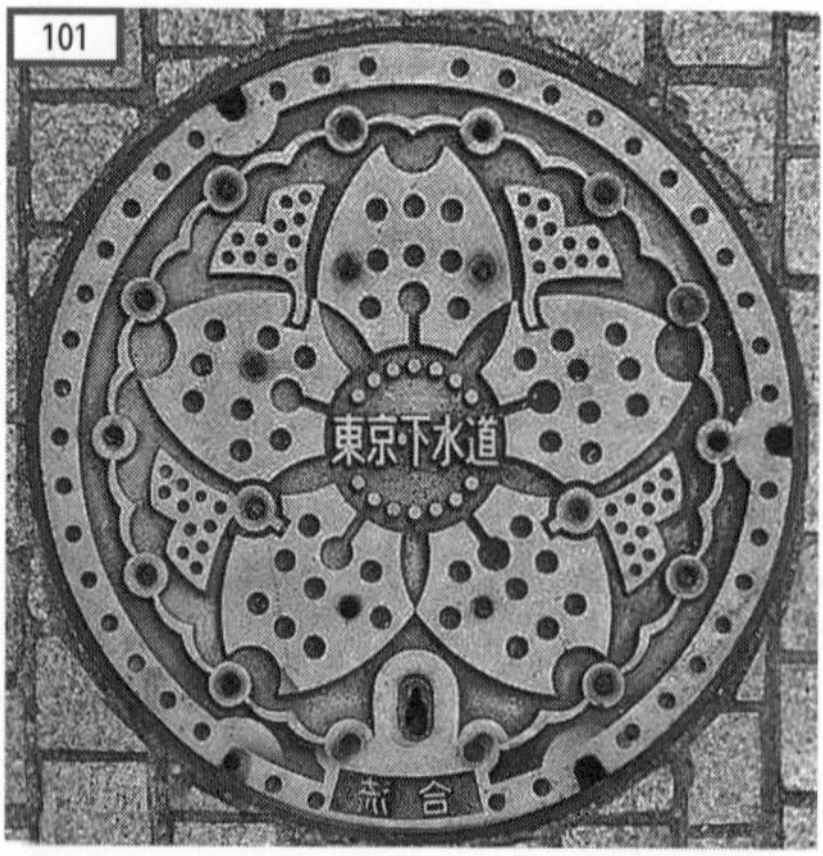

外周に13個並ぶ波の模様のような部分がユリカモメ。

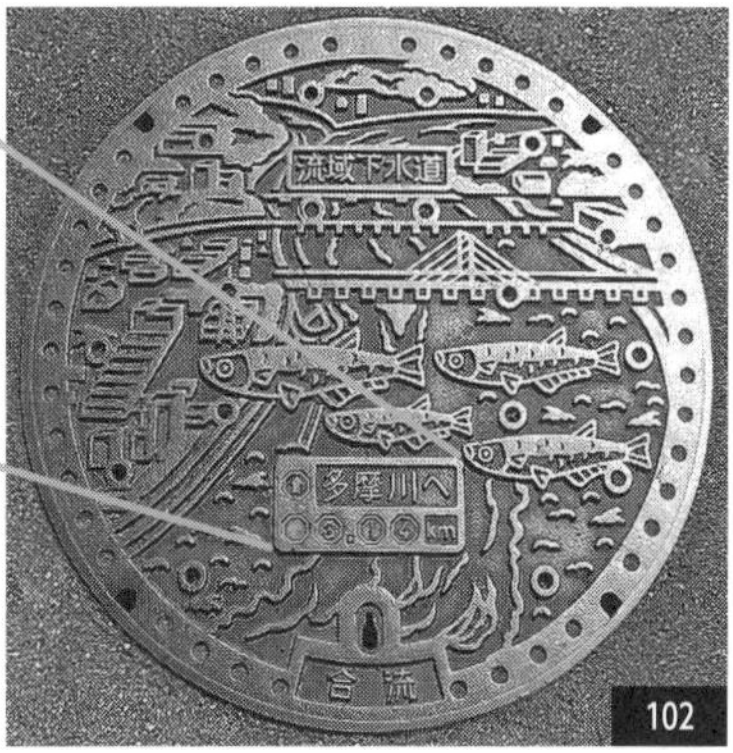

多摩川は、昭和30年代までは東京都の水道水源の8割をしめていたが、現在は約2割弱。それでも東京都民の重要な上水源だ。

いますが、処理場や、市町村にまたがって敷設される大きな下水管（幹線）などの基幹施設については都がおこないます。

写真102は多摩地区の幹線に使われているマンホールです。西暦2000年を記念してつくられたもので、多摩川の流れを中心に多摩の風景が描かれています。下水道の普及が進んできれいになった多摩川に戻ったアユや、左側には下水処理場も描かれています。中央下に「多摩川へ」と書かれ、このマンホールが置かれた場所から多摩川までの距離が刻印されています。このマンホールは多摩川まで「3・14キロメートル」のところにありました。

豆知識……マンホールは地下構造物を保守管理するための地上との連絡口。人が入れる大きさのあなが空いているので、蓋が必要になる。道路上に設置するため、蓋には相応の強度が要求され、相当な重さになる。

新宿副都心にある東京都庁の建物。

北海道・東北地方

それでは、各県のマンホールを北から順にご紹介しましょう。

● 北海道

写真103は北海道札幌市のマンホールです。札幌市は日本最北の政令指定都市であり、全国の市で4番目の人口を有しています。毎年1300万人前後の観光客が訪れ、市町村の魅力度ランキング調査でも毎年上位にランクインしています。マンホールには札幌のシンボル「時計台」と、豊平《とよひら》川に泳ぐ元気のよい「サケ」が描かれています。時計台があるのは札幌農学校の演武場だった建物で、周囲の高い建物に負けず、堂々と立っています。時計台の周りに描かれた木は札幌市の木のライラックです。

103

● 青森県

青森市は、県の中央部に位置する中核市で、青森湾に面した交通の要地でもあります。マンホールに描かれているのは東北の夏祭りを代表する「ねぶた祭」です（**写真104**）。毎年、延べ300万人以上の観光客が訪れ、1980年には国の重要無形民俗文化財に指定されています。マンホールには勇壮な武者像のねぶたの前で踊る〝ハネト〟が元気よく描かれています。

●岩手県

盛岡市は岩手県の県庁所在地で、北上盆地北部にある行政・教育・文化・交通の中心都市です。残念ながらデザインマンホール*は見つけられませんでした。**写真105**や**写真106**のように、市章（中央の円内）と幾何学模様がデザインされたものが数種類あり、これは、おもに滑り止めの効果を狙った模様です。

*その地域の名産や特色をモチーフにデザインされているマンホールのこと。

105

104

106

宮城県

宮城県の県庁所在地は「杜の都」と呼ばれる仙台市です。1601年、伊達政宗が岩出山《いわでやま》から城を移したときに、表記を「千代」から「仙台」に改めたといわれています。城跡付近に「川内」の地名も見られ、アイヌ語の「セプ・ナイ（広い・川）」を語源とする説もあります。**写真107**のマンホールに描かれていたのは市の花であるハギの花です。仙台市の花は、健康都市宣言10周年の1971年に市民投票で決定しました。ハギは9月中旬が見頃です。

107

108

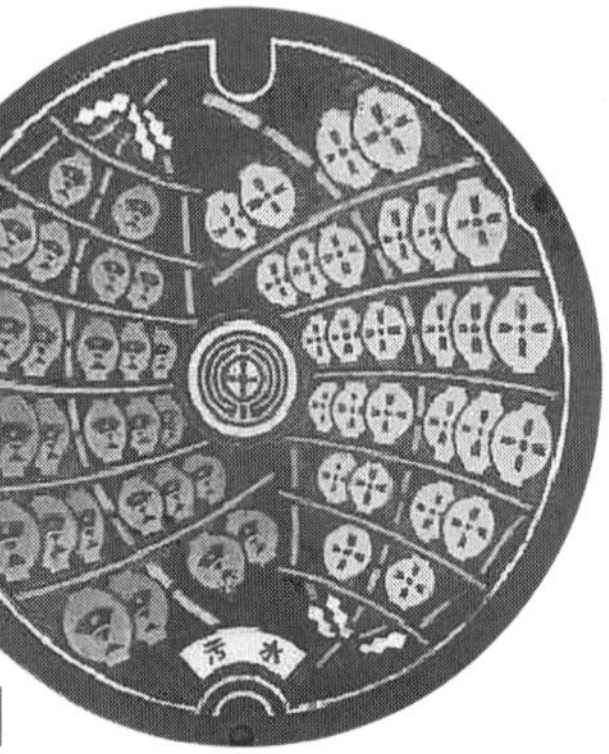

秋田県

秋田市のマンホールに描かれているのは「竿燈《かんとう》」です（**写真108**）。竿燈祭りは東北三大祭り（「青森ねぶた祭」「秋田竿燈まつり」「仙台七夕まつり」）の一つとして有名で、国の重要無形民俗文化財にも指定されています。五穀

江戸時代から続く「秋田竿燈まつり」。

豊穣を願う祭りとして、初めは組んだ竹に提灯《ちょうちん》をぶら下げて力自慢を競っていましたが、額や肩、腰に乗せてバランスをとる「技」を競う祭りになりました。一番大きな「大若《おおわか》」は、長さ12メートル、重さ50キログラム、提灯の数は46個です。これに継ぎ竹をしたり飾りをつけたりして難易度を上げます。夜になって、提灯に明かりが灯ると、黄金色に輝く稲穂を彷彿とさせます。カラーマンホールは中心街の歩道で見つけることができます。ちなみに、秋田は私の故郷で、子どもの頃に竿燈を見た思い出がかすかに残っています。

山形県

山形市のマンホールには市の花のベニバナが描かれています（**写真109**）。ベニバナはキクの一種で、山形県の県花にもなっています。咲きはじめは黄色い花ですが、徐々に赤くなって真紅の染料となり、かつては京の都の女性の唇を彩り、衣装も染め上げました。現在では自然染料として見直され、染め物に使われるほか、花びらを乾燥させて料理用の「乱花《らんか》」などに加工されています。山形では食用菊も生産されていて、紫色の「もってのほか」という名の食用菊もあります。

109
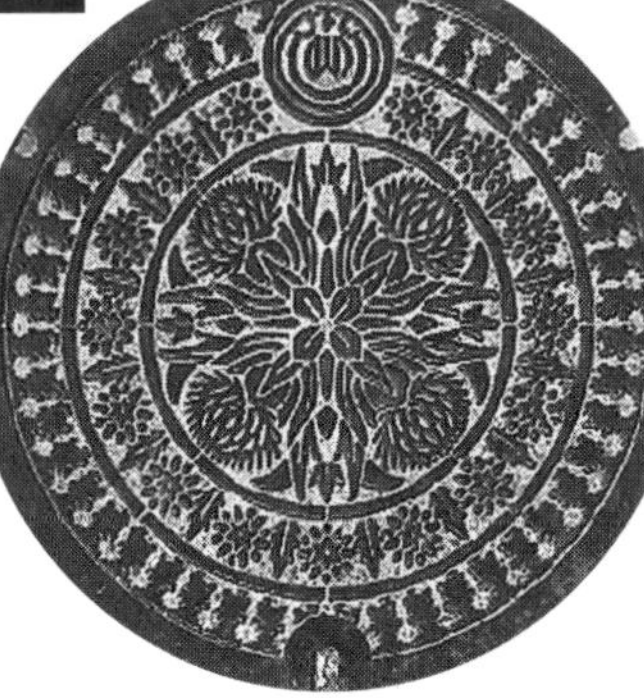

豆知識……マンホールの蓋は、地上に置かれていることからグラウンドマンホール（地上のマンホール）ともよばれる。単に蓋の役割だけを果たせばよいのではなく、車両や人が乗り、通過する地点としての役目を果たす。

福島県

写真110は福島市のマンホールです。初めて見ると不思議な図柄に思えるかもしれませんが、ここには「信夫《しのぶ》三山《さんざん》暁《あかつき》まいり」の様子が描かれています。この祭りは毎年2月10、11日に、信夫《しのぶ》山《さん》羽黒《はぐろ》神社に長さ12メートル、幅1・4メートル、重さ2トンの「大わらじ」を奉納するものです。災厄防除、五穀豊穣、健脚を祈願して、雪のなかを大勢の人がかつぎます。絵柄の中央部にあるのが「大わらじ」です。また、夏には「暁まいり」に由来する「福島わらじまつり」がおこなわれ、大中小のわらじ行列とわらじ音頭の踊り流しが市内を練り歩きます。このように、東北地方には「祭り」の描かれたマンホールが多いのが特徴です。

110

北関東地方

茨城県

茨城県の県庁所在地は、水戸市です。**写真111**のマンホールには市の木である紅白のウメの花が描

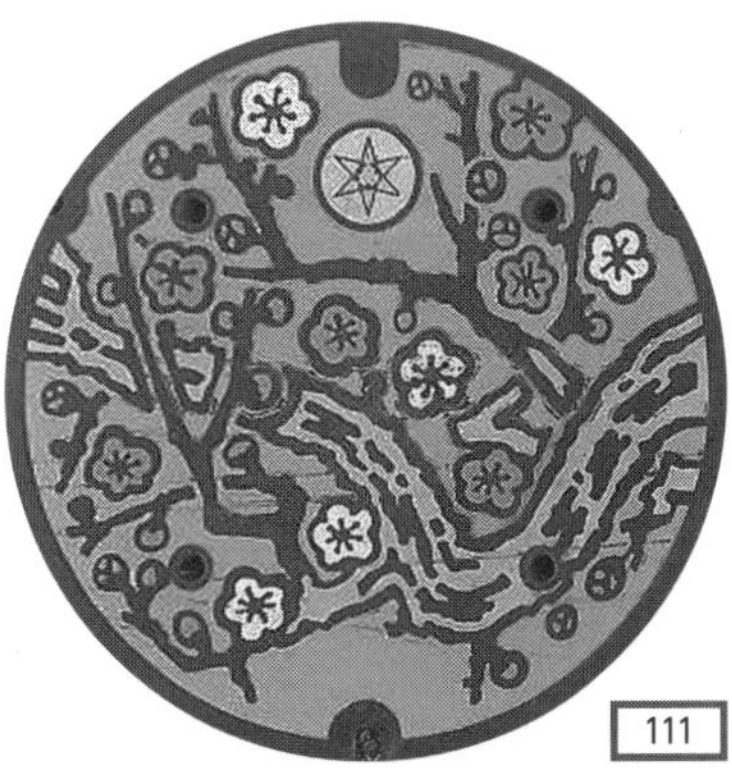

111

かれています。日本三庭園（金沢市「兼六園」、岡山市「後楽園」、水戸市「偕楽園」）の一つ「偕楽園」は、ウメの花で知られ、梅まつりの時期には臨時の偕楽園駅にも列車が停車します。

カラーのマンホールは、仙波大橋を渡る通りの歩道で見つけました。このほか、市のマスコットキャラクター「みとちゃん」と梅の花、市章のカラーデザインのマンホールもあります。「みとちゃん」は、納豆の藁づとのヘアースタイルと黄門様の衣装を着た可愛い女の子です。

写真112も同じ水戸市のマンホールですが、こちらにはカタクリの花が描かれています。この絵柄は「平成の大合併」で水戸市に合併した内原町のものと同じです。合併後もその地区の元の絵柄を使ったマンホールを使っています。私のような〝マンホール・ファン〟にとってもうれしい心遣いです。

112

水戸市西部にある内原地区のシンボル、カタクリの花。

豆知識……マンホールのほとんどが道路に設けられるため、マンホールの蓋には道路の一部としても機能することが求められる。蓋の設計基準が橋の基準に準じて作られ、「路上の橋」と呼ばれるのはこのため。

栃木県

栃木県の県庁所在地は、宇都宮市です。**写真113**のマンホールに描かれているのは市章と市の木のイチョウです。市章は、かつての宇都宮城（亀が丘城）にちなんで、亀甲形と宇都宮の宮の字を図案化したものです。宇都宮といえば「餃子の街」としても知られ、市内には餃子を扱う飲食店が専門店を含めて200軒以上あります。〝もしや〟と期待したのですが、現在までのところ餃子がデザインされたマンホールは発見できていません。

113

群馬県

前橋市は、群馬県の県庁所在地です。マンホールには市の花のバラが描かれていました（**写真114**）。カラーのマンホールには、ピンクや黄色、白のほかに、青いバラもありました。じつはバラには本来、青色色素がありません。近年、遺伝子組み換え技術によって、世界で初めての青いバラが誕生しましたが、まさに夢のバラというわけです。もう一つの市の花の「ツツジ」は、水道のマンホールに描かれていました。

114

南関東地方

埼玉県

2001年5月1日、浦和市・大宮市・与野市が合併してさいたま市になりました。その後、政令指定都市へ移行、2005年4月1日に岩槻市も編入しています。合併後、新しい市のマンホールをつくったという話を聞いていましたが、なかなか新しいマンホールに出合えませんでした。ようやく見つけたのが**写真115**で、市の木であるケヤキの林の前に、市の花のサクラソウとサクラが描かれています。右下に「合流」*と書いてありますが、「雨水」と書いたもう一つ別のタイプもあります（**写真116**）。登場する花・木は同じですが、デザインは変えてあります。

*下水管には雨水を流す雨水管と、生活排水を流す汚水管の2種類があり、マンホールにはそれぞれ「雨水」「汚水」と明記されている（→P44）。雨水と汚水がひとつの管で流される下水道を「合流式」と呼び、マンホールには「合流」と記される。

115

116

豆知識……マンホールはサイズの大小を問わず、円形が圧倒的に多い。長方形のほとんどは、ガス、電気、電話や通信ケーブル関係、水道や消火栓用などの非常に底の浅いところに使われている蓋となっている。下水道用の角形の蓋は、大きく深いマンホールに設置される場合が多い。

千葉県

千葉市は1992年4月1日に政令指定都市になりました。千葉市のマンホール（写真117、118）にはケヤキと「大賀《おおが》ハス」の花、鳥はコアジサシが描かれたものが2種類ありました。

同じ市の木・花・鳥が登場しても、デザインによって随分と変わった印象になるものです。市内の千葉公園には、遺跡から発見された2000年以上前の古代のハスの実から発芽・開花した大賀ハスが栽培されていて、6月下旬～7月に開花が見られます。この古代ハスは、1954年に千葉県の天然記念物に指定されました。コアジサシは毎年渡って来て、千葉の砂浜で子育てをしています。

117

118

神奈川県

横浜市のマンホール（写真119）に描かれていたのは、横浜市のシンボル、ベイブリッジです。横浜港の入口にあるこの橋は、橋の下を豪華客船も通れるように海面からの高さを設定してあります。丘の多い横浜市では、市街を見下ろす周りの丘からも、このベイブリッジとランドマークタ

119

ワーを見ることができます。

このほかに「日本丸」が描かれているマンホールがあると聞いて探してみたところ、みなとみらいのビル群のあいだを自転車で走っていたとき、歩道の上で見つけました。横浜市の水道のマンホールです（**写真120**）。

120

1989年に開通した横浜市のベイブリッジ。

現在、帆船「日本丸」は日本丸メモリアルパークに保存・展示され、マストやたくさんのロープ類がある甲板上のほか、船内を見学することができます。また、定期的に全ての帆をひろげる総帆展帆《そうはんてんぱん》がおこなわれ、大海原を航海していた現役当時の姿を見ることができます。日本丸が帆走する優雅な姿は「太平洋の白鳥」と呼ばれていたそうです。

帆をたたんだ状態の日本丸。

甲信越地方

山梨県

山梨県の県庁所在地、甲府市のマンホールにはナデシコの花が描かれていました（写真121）。駅前に采配を振る信玄像があったので、信玄がらみのデザインを期待したのですが。でもナデシコの花が描かれているのは、甲府市のほかに神奈川県の秦野《はだの》市でしか見つかりませんでした。これは〝希少価値あり〟です。

長野県

長野市は善光寺の門前町として知られています。長野駅前で見つけたカラーのマンホールには、リンゴの花と実が描かれていました（写真122）。市街地を一歩離れると、周辺はリンゴの木で埋まっています。私が走った道の両側にもリンゴの実が赤く色づき始めていました。長野市は青森県と並ぶリンゴの産地で、市の花もリンゴです。

121

122

千曲《ちくま》川を渡った郊外で見つけた同じ絵柄のマンホールには、細かい模様が入っていました（**写真123**）。マンホールの凸部分に格子状に模様を入れてあります。寒冷地だけあって滑らないような工夫が施されているようです。このようにマンホールのデザインを生かして滑り止めの効果を高める努力には、デザインマンホールを楽しむ私にとって頭の下がる思いです。

新潟県

本州日本海側では唯一の政令指定都市となった新潟市は、いくつものデザインマンホールをつくっていました。そのうちの一つが**写真124**です。色のついていないものを見たときは、何の模様か判然としませんでしたが、駅前でカラーのマンホールを見つけ、新潟のシンボル的存在である信濃《しなの》川に架かる萬代《ばんだい》橋だとわかりました。アーチ型の橋脚が特徴で、これもしばらく〝謎解き〟を楽しませてもらいました。新潟（NIIGATA）の「N」のような文字が赤で強調されているのも気になります。

123

124

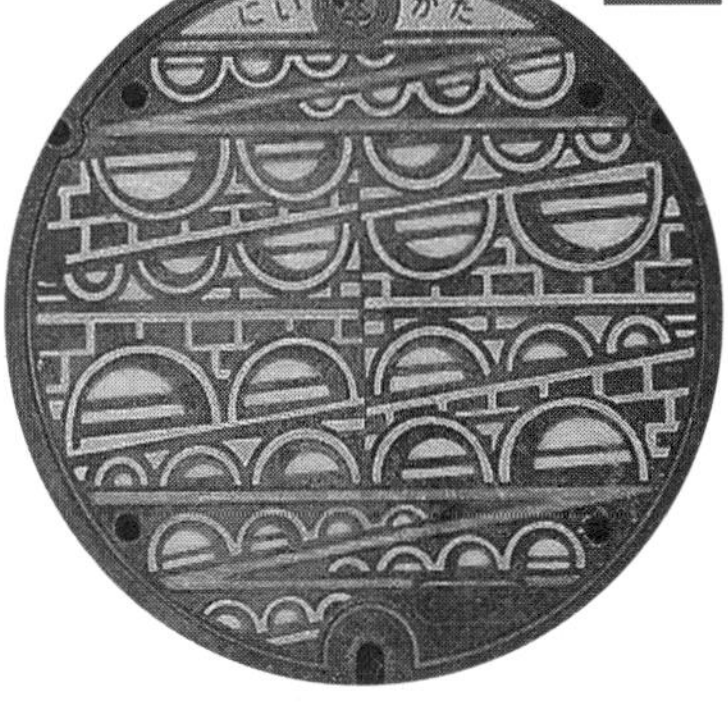

豆知識……マンホールの蓋は、ふつう50キログラム以上の重さがある。蓋の上を車両をはじめとする交通機関が通過する際、蓋に重量がないと所定の位置からはずれてしまうおそれがあるからだ。

新潟市で見つけた次のマンホールには、ヒマワリとチューリップが描かれていました（**写真125**）。ヒマワリではなく太陽という説もありますが、茎が太く伸びている形からヒマワリ説が有力だと思います。新潟から富山にかけてはチューリップの栽培が盛んで、いくつもの市町が市や町の花に指定しています。赤い花が印象的です。

新潟市で見つけた変わったマンホールは、中央に「喜・怒・哀・楽」の字がありました（**写真126**）。その各字を「口」にして見ると、扇形の部分が「顔」のように見えてきます。表情がそれぞれの字を表現しているのです。悲しそうな丸い目、涙を流している顔や、目を怒らせて睨んでいる顔、目を細めて笑っている顔などなど。

新潟市下水道部によれば、市内のマンホールには一般公募で選ばれたものがあり、「喜怒哀楽」マンホールもその一つ。街を行き来する人々の喜怒哀楽をモチーフにデザイン化したものだそうです。

125

126

北陸地方

富山県

写真127は富山市のマンホールで、市の花のアザミの花が描かれています。アザミの根が薬用になり、「富山のくすり」とも関連することから市の草花に選ばれました。富山市の花にはもう一つツバキも指定されています。ツバキの花の登場するマンホールは他にもたくさんありますが、アザミの花が描かれたものはほかに見つかっていません。これも希少価値があります。

ふれると痛い草の代表ともいえるアザミ。

127

石川県

石川県金沢市のマンホールには、きっと兼六園《けんろくえん》が使われているだろうと期待していたのですが、下水のマンホールにはデザイン蓋がありませんでした（写真128）。

128

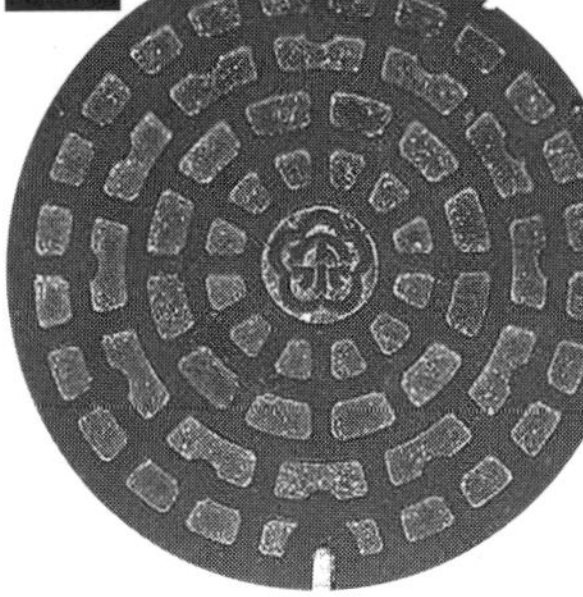

豆知識……マンホールの蓋が丸い理由は、四角なものは開いた時に蓋が落ち込むことがあるが、丸型ならなかへ落ち込むことがないから（→P44）。四角なものはなかに入って工事をしやすくしたい場合とか、なかに収納される機器の形状からその方が便利な場合に使用される。

代わりに見つけたのが消火栓のマンホールです（写真129）。兼六園といえば、脚の長さが違う石灯籠「徽軫《ことじ》灯籠《とうろう》」が有名で、消火栓にはカラーで描かれていました。このマンホールを見つけたあと、兼六園のほか、東茶屋街、近江《おうみ》町市場などを巡ってきました。新幹線が金沢まで開通し、ますます観光に力が入る金沢市ですから、きっと下水のマンホールにもデザイン蓋が登場するのではと期待しています。

129

福井県

福井市のマンホールには、大きな鳥が2羽描かれていました（写真130）。これを見た瞬間、愛読した手塚治虫《てづかおさむ》氏の『火の鳥』を思い浮かべました。市役所の受付の方に聞いてみると、やはり「フェニックス（不死鳥）」をデザインしたものだそうです。江戸時代から徳川の〝御親藩〟として栄えた福井の街は、戦災や福井地震で壊滅的な打撃を受けましたが、いち早く下水道を普及させるなど見事に復興しています。その復興のシンボルが「フェニックス」なのです。福井藩の藩主である越前松平《えちぜんまつだいら》氏の別邸だった養浩館《ようこうかん》の横には、〝金色のフェニックス〟のマンホールがありました。

130

東海地方

静岡県

江戸時代、徳川家康《とくがわいえやす》がつくった城下町で府中・駿府《すんぷ》と呼ばれた静岡市。マンホールには、市の花であり、「葵《あおい》の御紋」で知られる徳川家にちなんだタチアオイがデザインされています（**写真131**）。背丈は3メートル程にもなり、初夏には赤、ピンク、黄、白などの花を咲かせます。ただし、徳川家の紋所「三葉葵」はフタバアオイを図案化したもので、タチアオイとは異なります。ちなみに、徳川家へ「忠義」を尽くした会津《あいづ》藩で知られる会津若松市の古いマンホールにも、市の花であるタチアオイの花が描かれていました。

131

岐阜県

岐阜市の観光の目玉は、「長良《ながら》川の鵜飼い」と「岐阜城」です。期待どおり、岐阜市のマンホールには「アユを追いかけるウ」が描かれていました（**写真132**）。地の色とウの色を入れ替えた〝色違い〟もあります。カラーは岐阜駅前と柳ヶ瀬《やながせ》のあたりで見つけました。長良川

132

河畔における「鵜飼い」は1300年の伝統があり、江戸時代は徳川幕府および尾張《おわり》家の庇護のもとにおこなわれていました。現在、鵜匠は宮内庁式部職として世襲制になっています。川岸の「長良川プロムナード」からも眺められますが、やはり船の上から間近で見るほうが迫力満点です。

●愛知県

名古屋市のマンホールには「アメンボ」が描かれていました（**写真**133）。現在の下水処理の基本は活性汚泥法*と呼ばれる方法ですが、それを日本でもっとも早く導入したのが名古屋市です。きれいになった下水の処理水のなかをアメンボがスイスイと泳いでいる様子がデザインされています。

133

「尾張名古屋は城でもつ」といわれる名古屋城も、消火栓のマンホールに登場していました（**写真**134）。シャチホコも大きく描かれています。シャチホコは城を火災から守ると考えられていましたから、消火栓の絵柄にはもってこいといえます。

134

＊下水・排水に空気をふきこんで高濃度の微生物（活性汚泥）を発生させ、これを利用して水中の有機物を分解し、浄化する方法。大都市の下水処理に広く用いられる。

●三重県

三重県の県庁所在地は、津市。漢字一字で読みも一文字の〝市名〟はここだけです。古い地名は「安濃津《あのつ》」。薩摩《さつま》の坊津《ぼうのつ》、筑前《ちくぜん》の博多津《はかたつ》とともに〝日本三津《さんしん》〟と呼ばれました。**写真**135のマンホールには、海に浮かぶヨットとカモメ、周りに市の花のツツジが描かれています。白砂青松で有名な津の海は、県立自然公園に指定され、約12キロメートルに及ぶ連続した海岸線があります。御殿場《ごてんば》海岸や香良洲《からす》海岸は、潮干狩やたてぼし（海に囲った網に魚を放し、網のなかの魚を素手やタモで追いかける遊び）、海水浴などに大勢の人が訪れます。

135

近畿地方

●滋賀県

滋賀県の県庁所在地は、南部にある大津市です。1898年10月1日に市制を敷きましたが、**写真**136のマンホールは大津市制100周年記念のものです。大津駅前で発見しました。賑やかに琵琶

136

137

湖の風景が描かれています。右下に咲いているのが市の花エイザンスミレです。ちなみに、図案にある大観覧車はベトナムへ移設され、現在は大津市にありません。**写真**137を見つけたときは〝琵琶湖の波〟を描いてあるのかとも思いましたが、この模様は各地で見ましたので、規格品です。

●京都府

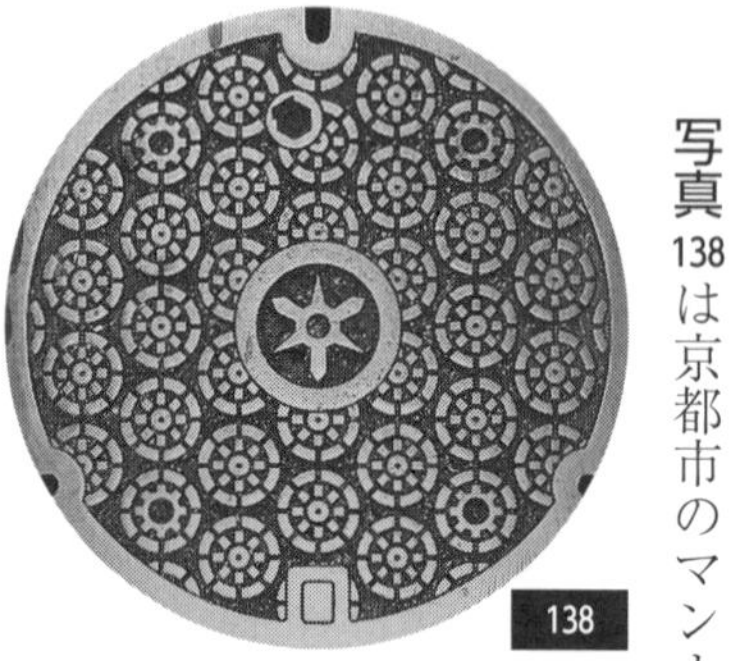

138

写真138は京都市のマンホールです。幾何学模様のように見えるのは、「御所車《ごしょぐるま》」の車輪です。御所車とは牛車《ぎっしゃ》の俗称で、紋所の名でもあり、装飾画や小袖には御所車の車輪を図形化した模様が好んで用いられました。全方向に対して突起が配置されていて、滑り止めの模様としてはなかなか良いと思います。中央の市章は「京」の字をデザイン化したものです。

御所車は、平安時代、身分の高い貴族の乗り物だった。　© kyoto-design.jp/

139

140

大阪府

大阪市のマンホール（**写真139**）は「大阪城とサクラ」です。サクラは市の木に指定され、市の花はパンジーです。撮影したのは残念ながらサクラの季節ではありませんでしたが、朝日を受けた大阪城は何か神々しく感じられ、ちょっと感激でした。左下には〝区名〟が入っています。これは西淀《にしよど》川《がわ》区で撮りました。

写真140は「大阪市制100周年記念」のマンホールです。1889年に府下4区が大阪市とされましたが、当時の人口は約46万人でした（現在は約270万人）。描かれている花はパンジーで、周りを市の木であるサクラの花が囲んでいます。「平成元年」とありますから、もう27年前のものです。2006年に大阪の下水道展に行ったときに会場で見つけました。

ビルに囲まれたなかで、誇らしげに建つ大坂城。　©大阪観光局

豆知識……マンホールの数は下水道用が圧倒的に多く、ほかには水道の空気弁、排泥弁用のものや、消火栓用、ガス用、電気・通信用、共同溝のためのものなどがある。なお、下水道のマンホールは、清掃のために約50メートルおきに設置することが基準とされる。

兵庫県

写真141は兵庫の県庁所在地、神戸《こうべ》市のマンホールです。「神戸」という地名は、現在の三宮・元町周辺が古くから生田神社の集落「神戸《かんべ》」であったことに由来しています。描かれているのは六甲山と神戸市街のビル群で、海側から眺めている構図になっています。六甲山の山肌には神戸市の市章と港のマークの「錨《いかり》」が描かれています。神戸市は2012年、「世界で最も住みやすい都市」に、日本の都市で唯一トップ10入りをはたし、アジアではシンガポールについで2位に選ばれました。

写真142は神戸市の農業集落排水のマンホールです。明石から三木市へ向かうときに見つけたもので、描かれているのは六甲山と稲穂です。

141

神戸港にある公園、メリケンパーク。
提供：神戸国際観光コンベンション協会

142

143

奈良県

写真143の奈良市のマンホールは、奈良国立博物館前で撮ったものです。絵柄は野生鹿として国の天然記念物になっている奈良公園のシカと、市の花のナラノヤエザクラです。

百人一首で「いにしえの奈良の都の八重桜きょう九重《ここのえ》に匂いぬるかな」と詠まれたナラノヤエザクラは、奈良の県花、奈良の市花であり、奈良市章にもなっています。他のサクラに比べて開花が遅く、4月下旬から5月上旬に開花します。

和歌山県

和歌山市は、江戸時代に御三家の一つである紀伊徳川《きいとくがわ》家55・5万石の城下町として栄え、「若山」とも表記されました。マンホールに描かれていたのは西条八十《さいじょうやそ》、中山晋平《なかやましんぺい》コンビによる童謡「毬と殿さま」に登場する「紀州御殿《きしゅうごてん》てまり」です（**写真144**）。じつは、この写真は職場の同僚が撮ってきたもので、残念ながら私の自転車はまだ和歌山県を走っていません。下水道の普及率が高くなかったので、あとまわしになってしまいました。これから頑張って探索してみたいと思います。

144

中国地方

●鳥取県

写真145は鳥取市のマンホールです。「鳥取しゃんしゃん祭」で使われる傘がデザインされています。この祭りは、東部地方に古くから伝わる「因幡《いなば》の傘踊り」を誰でも踊れるようにアレンジしたもので、もとは雨乞いのための踊りです。華やかに着飾った踊り手の持つカラフルな傘から、舞うたびに〝しゃんしゃん〟と鈴が鳴り響きます。消火栓など水道関係のマンホールにも、下から見た構図の傘が描かれていました。第50回記念大会（平成26年）では『最大の傘踊り』で世界記録を達成した、全国にも広く知られる祭りです。

145

ひとつひとつ手づくりの「しゃんしゃん傘」。

島根県

島根県の県庁所在地は松江市です。宍道《しんじ》湖湖畔の風景は「東洋のベニス」ともいわれています。また大橋川両岸の商店街は、旧城下町の雰囲気をいまに伝えています。**写真146**の松江市のマンホールに描かれているのは、松江城下に唯一現存している武家屋敷の長屋門と石畳を図案化したもので、江戸時代の姿がそのまま残されています。松江城の天守閣は再建されたものではなく、江戸時代のものが保存され、松江のシンボルとして親しまれています。

146

松江藩の中級藩士が屋敷替えに住んだとされる武家屋敷。

岡山県

岡山市のマンホールに描かれているのは「桃太郎」です（**写真147**）。サル・イヌ・キジを従えた桃太郎さん、岡山駅前には絵柄と同じような像が建っています。下水道のマンホール以外に、水道の止水弁にも、消火栓のマンホールにも消防士の「桃太郎」など、街中いたるところで桃太郎を見ることができます。

147

岡山市の郊外を走っていて見つけた農村下水のマンホールに描かれていたのは、モモとブドウでした（**写真148**）。岡山のモモといえば「白桃」、ブドウといえば「マスカット」です。白桃は1901年に誕生した品種で、ほかの生産地では見られない白さときめこまやかな口あたりで岡山の名産になりました。マスカットも岡山で改良されたものので、マスカット・オブ・アレキサンドリアの生産量は、全国の9割を占めて日本一を誇っています。

148

広島県

広島市に入ってまず見つけたのが、折鶴（千羽鶴）のマンホール（**写真149**）です。でも最初は色のついていないものだったので、一見して何の模様かよくわかりませんでした。市街に入ってカラーのものを見つけ、ようやく折鶴だということがわかりました。このあと原爆ドーム、平和記念公園などを巡り、自転車でマンホールを探しながら各地を旅することができる幸せと平和をしみじみかみしめました。

ずいぶん前に友人から「カープ坊やのマンホールがあったよ」

149

150

といただいた写真を見て、これは球団が作ったものだとばかり思っていました（**写真150**）。ところが右上に「HIROSHIMA C. sewer」（広島市下水道）と書いてあるので、広島市がつくったものだと判明しました。広島カープは、まさに広島市民の球団なのです。

広島市の別のマンホール（**写真151**）は「コイとモミジ」。広島県は県花も県の木もモミジです。そして広島といえば「コイ（英語でカープ）」となるわけですが、その由来となったのは「己斐《こい》の浦」、鯉城《りじょう》と呼ばれる広島城で、広島バスセンターの外壁は〝コイの鱗〟をデザイン化したものになっています。

以前、カープファン有志の会である「カープと市民球場はみんなの宝物」という市民グループから、「コイするまち広島」というパンフレットをいただきました。パンフレットのなかにある地図には、カープやコイのゆかりの地が満載されていて、広島市民の郷土愛の深さを感じました。

151

豆知識……マンホール蓋の耐用年数は、車両のタイヤによる磨耗を考慮して、車道では15年、その他の場所では30年となっている。ただし坂道、カーブ、交差点など、使用される場所によっては著しく消耗することがある。

●山口県

山口市は、室町時代に大内氏《おおうち》が西日本の〝雄〟として君臨したところです。その頃に起源をもつ「山口七夕ちょうちんまつり」がマンホールに描かれています（**写真152**）。第11代当主大内盛見《おおうちもりはる》が、お盆の夜に先祖の冥福を祈るため、笹竹の高灯籠《たかとうろう》に火を灯したのが始まりといわれています。祭りは8月の6、7日におこなわれ、笹竹に吊るされた数万個の紅提灯が街の中心部を彩り、神輿《みこし》・山笠が町内を練り歩きます。この提灯の灯りはロウソクで、2時間ほどで燃え尽きる束の間の〝華やかさ〟が心に残ります。カラーのマンホールは湯田温泉の近くで撮りました。

152

四国地方

●徳島県

瀬戸内海を渡って四国に入ります。徳島市は吉野川下流南岸の三角州にあり、蜂須賀《はちすか》氏の城下町だったところです。デザインマンホールは見つけられず、大津市と同じ波模様と市章でした（**写**

153

真153）。代わりに徳島市の北にある藍住《あいずみ》町で見つけたのが、徳島県の流域下水道のかわいらしいマンホールです（写真154）。アユやイワナ、エビは手長エビでしょう。鋏《はさみ》の大きなカニはシオマネキです。川や海の生き物が水のなかで生き生きとしている様子が描かれています。「きれいな川やうみを未来まで」という言葉が刻まれていますが、吉野川の流れがいつまでもきれいであることを願っています。

154

●香川県

香川県の県庁所在地、高松市のマンホールに描かれているのは、源氏と平家の屋島《やしま》の戦いです。那須与一《なすのよいち》が「扇の的」を射る故事が描かれています（写真155）。背景に屋島も描かれていますが、高松から見ると反対方向です。屋島の戦いは高松から見て裏側にあたるので、マンホールの絵は正しいことになります。ちなみに那須与一は、栃木県の大田原《おおたわら》市のマンホールにも登場します。大田原市では那須与一を正面から描いていますが、高松市のほうは顔が見えません。〝主役〟の取り上げ方が違っているのが興味深い点です。

155

愛媛県

愛媛県中部、瀬戸内海の伊予灘《いよなだ》に面した県庁所在地の松山市は、人口約52万人の四国最大の街であり、松山城を中心に発展した旧城下町です。マンホールに描かれているのは、市の花のヤブツバキと「みんなでつくろう住みよい松山」の文言です（**写真156**）。この写真は妻がずいぶん前に撮ってきてくれたものです。標語のないバージョンもあり、松山市駅から市役所辺りに設置されていました。

高知県

高知県中央部にある県庁所在地の高知市は、山内一豊《やまのうちかずとよ》の入府以来、土佐藩の城下町から発展した都市です。マンホールは徳島市と同じ波模様と市章で、波紋の広がりをデザインしたと思われるデザインです（**写真157**）。

ちなみに市の木はセンダン、市の花はトサミズキ、市の鳥はセグロセキレイです。市内には「長尾鶏《おながどり》」の描かれた流域下水道のマンホールがあると聞いていますので、次回はぜひ探してみたいと思います。

156

157

九州地方

●福岡県

ようやく九州地方です。福岡市は福岡県西北部、福岡県の県庁所在地です。市内で見つけたマンホールは幾何学模様風のもの（**写真158**）。１９９０年3月末に下水道普及人口１００万人を突破したことを記念してデザインを公募したところ、全国から７３５点の応募があったなかから、鳥、ヨット、街並みなどの抽象的なデザインの組み合わせが「人の都・福岡市のアクティブなイメージ」を連想させるという評価を受け、このデザインが選ばれたということです。

159

158

一般の家庭などと市町村の下水道管を接続するところには、「汚水桝《ます》」[*1]というのが置かれています。直径は30センチメートルほどで、だいぶ小さなものになります。ここが家の所有者と市町村の「責任分岐点」[*2]ということになります。福岡市の汚水桝の蓋には花が描かれていました（**写真159**）。福岡市の花はサザンカとフヨウですが、この花はフヨウです。

＊1 下水（汚水管）に流す前にいったん汚水を集める入れ物。

＊2 一般的に道路に埋められている下水管や水道管などはそれぞれの事業者のもので、修理や工事をする場合は、その事業者が負担する。一方、家の敷地内の下水管や水道管などはその家の持ち主の資産になるので、ひきこみ工事や修理などの費用は個人負担となる。

●佐賀県

佐賀市は、佐賀平野の中央部に位置する県庁所在地です。佐賀市内に入ってすぐに見つけたマンホールには、2匹、魚がいました（**写真160**）。そうです、有明海《ありあけ》といえばムツゴロウです。潮が引いた干潟の上で生活する魚として知られ、有明海・八代海《やつしろ》を含み広く東アジアに分布しています。愛嬌のある顔と大きな背びれ、足のように動きそうな胸びれなど、ムツゴロウの特徴をよく表しています。肉は柔らかくて脂肪が多く、新鮮なうちに蒲焼きにするのが一般的で、ムツゴロウの蒲焼きは佐賀県の郷土料理の一つです。

160

長崎県

九州方面は交通費がかさむこともあって、なかなか〝取材〟に行けませんでした。県庁所在地の長崎市は、古くから外国への玄関口として発展し、江戸時代は国内唯一の貿易港「出島」があり、異文化の窓口でもありました。マンホールに描かれていたのは、市の花のアジサイです（写真161）。アジサイは、シーボルトが「ハイドランゼア・オタクサ」という学名で世界に紹介した日本原産の花です。この学名は、彼が愛した長崎の女性「お滝さん」にちなんだといわれています。

161

162

熊本県

熊本市の地名は、古くは隈本《くまもと》、1607（慶長12）年に加藤清《かとうきよ》正《まさ》が新城に移り熊本城と称したことに始まるといわれています。熊本市のマンホールに描かれていたのは「ヒゴツバキ」の真っ赤な花でした（写真162）。ヒゴツバキは、このほか同じく「肥後《ひご》」を冠したキク、サザンカ、ハナショウブ、アサガオ、シャクヤクとあわせて「肥後六花」と呼ばれ、武士の園芸として受け継がれてきたとか。熊本城内の肥後名花園で楽しめるそうです。

大分県

大分市は、かつて豊後国《ぶんごのくに》の国府が置かれ府内《ふない》と呼ばれていました。**写真163**のマンホールでは、中央にサルが2匹で仲よさそうに毛づくろいをしています。高崎山には、山中に生息する野生のニホンザルを餌付けした高崎山自然動物園があり、「高崎山のサル生息地」として1953年に国の天然記念物に指定されています。サルのまわりを取り囲んでいるのは、市の花のサザンカです。

163

宮崎県

県庁所在地の宮崎市は、南国の観光都市ということで、フェニックスを期待していました。駅前のフェニックスの並木は南国ムード満点です。しかし、足下のマンホールに描かれていたのは市の花のハナショウブでした（**写真164**）。市内の阿波岐原《あわきがはら》森林公園「市民の森」には、160種、約20万本のハナショウブが植えられ、5月下旬～6月上旬の開花時期には白や紫の美しい花々が咲き誇り、多くの市民でにぎわいます。

164

鹿児島県

桜島を望む景観がナポリの風景に似ていることから、「東洋のナポリ」とも称される鹿児島市。「マンホールに桜島が描いてあるといいな」と期待していましたが、桜島のデザインマンホールは見つかりませんでした（**写真165**）。中央にある市章は、「丸に十の字」の薩摩藩主「島津家」の家紋がモチーフとなっています。ちなみに、市の木はクスノキで、市の花はキョウチクトウです。

沖縄県

残念ながら沖縄県にはまだ足を踏み入れたことがなく、家族が沖縄旅行の際に撮ってきたものと、友人からいただいたものが手元にあるだけです。那覇《なは》市のマンホールは妻が撮影したものです（**写真166**）。今では各地で見られるデザインマンホールですが、実はこの那覇市のものが「日本初」です。市の魚はマグロですが、大きな口を開けた魚の群れのデザインは、海に囲まれた沖縄ならではの絵柄でしょう。

165

166

豆知識……下水道用のマンホールの大きさは、直径60センチメートルくらいがほとんど。人がようやく1人入れるくらいの大きさだ。人がなかに入って作業をするため、あなのなかには足をかけるステップが付いている。

マンホールの蓋はなぜ丸い?

一般的にマンホールは丸い形をしています。これは工事や、自動車が上を通ったはずみで、蓋が落下しないようにするためです（図①参照）。

外国には正三角形の蓋もあります。国内でも四角形（長方形）の蓋があります。消火栓や共同溝の蓋は、どちらかというと四角形が多いようです。消火栓はマンホールのあながごく浅く、蓋のすぐ下に構造物があるため落下しにくいのです。下水のマンホールは、10メートル以上の深さになるものもあり、蓋を落とすとたいへんなことになってしまいます。

なお、マンホールの蓋には「汚水」と「雨水」の区分や、製造年、蓋の耐荷重種類など、維持管理に必要な情報が模様のなかに表示されています。

図① マンホールの蓋の形

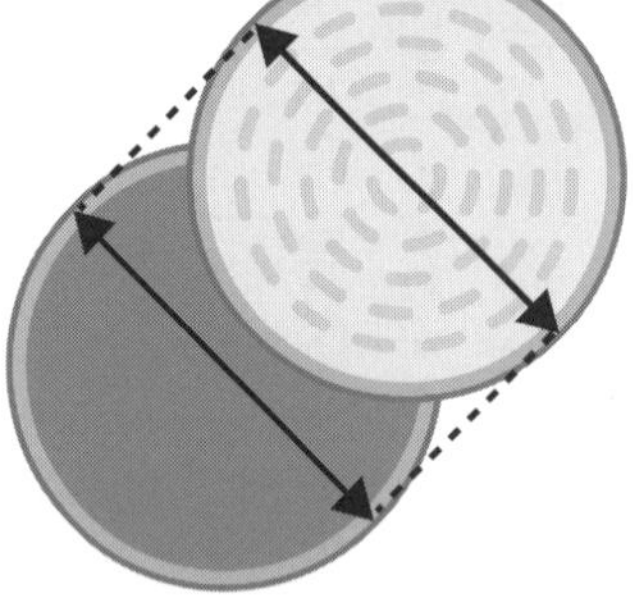

どの向きでも落ちない。

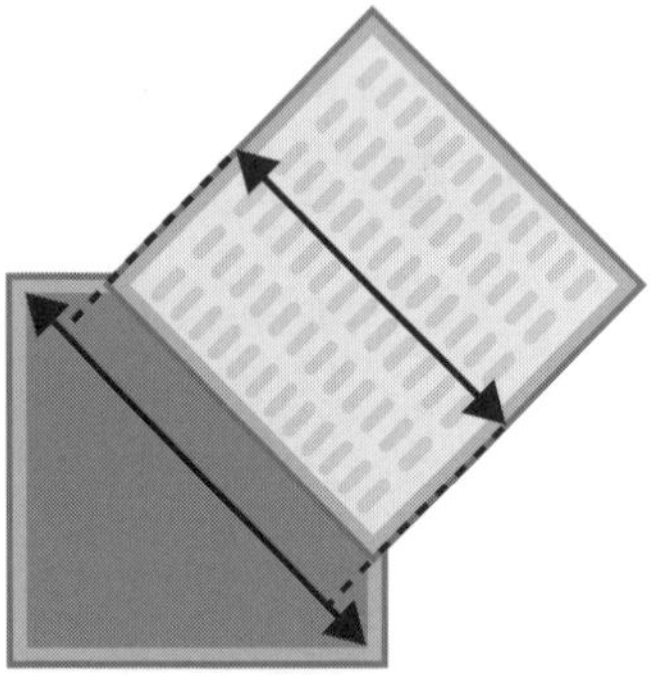

向きによっては落ちてしまう。

図② 「汚水」と「雨水」

2 富士山と山々

©ペイレスイメージズ／PIXTA

どこから見ても、富士は富士!?

2013年6月、富士山が「世界文化遺産」に登録されました。環境対策の宿題が残されているものの、喜ばしいことです。

そこで、私が集めたマンホールのなかから「富士山」を紹介します。富士山は山梨県と静岡県にまたがっていますが、みなさんはどちらから見た富士山がお好きでしょうか？ 私は「どこから見ても富士山は素敵だよね」という感想に同感です。

三保の松原からのぞむ富士山。

静岡県側から見る富士山

初めに登場するのは、清水市《しみず》（現在は静岡市に合併し、静岡市清水区）の「三保《みほ》の松原と富士山」（**写真201**）です。松の緑と雪の白さが美しい取り合わせです。三保の松原は、富士山と距離が離れていること

201

202

から一時は「世界文化遺産」から外されそうでしたが、ギリギリのところで選定されたようです。小さく「河川」と書かれています。下水道のマンホール（キリシマツツジが描かれています）と隣り合って設置されていたので、雨水の排除用でしょう。カラーのマンホールは、観光旅行で三保の松原から船で清水に戻る際、バスを降りたその場所にあったものです。「ラッキー！」とカメラを向けたら、同乗していたお客さんからは怪訝なまなざしを向けられてしまいました。

　静岡市の消火栓のマンホールに描かれているのは、富士山と安倍《あべ》川です（**写真202**）。わらぶき屋根のように見えるのは復元された「登呂《とろ》遺跡」の竪穴式住居です。静岡は日本有数の茶どころで知られているので、緑色で塗られた部分（富士山のふもと、口絵を参照して下さい）は茶畑を表していると思われます。また別の消火栓には、富士山とともに鎧兜《よろいかぶと》が描かれています（**写真203**）。2007年に、徳川家康《とくがわいえやす》公が秀忠《ひでただ》に将軍職を譲り、駿府《すんぷ》城に入城してから400年の記念祭につくられたマンホールです。家康公の采配で、どんな火事でもすばやく鎮火できそうな気がします。

　同じく南側から見た富士山は、富士市のマンホールにも描かれてい

203

204

ます。**写真204**は駿河《するが》湾から見た富士山と白波のデザインです。このマンホール、よく見ると小さい蓋が大きな蓋のなかに埋めこまれています。このような蓋を「親子蓋」と呼んでいます。普通のマンホールの直径は60センチメートルほどですが、機械などをなかに入れて使えるよう大きなマンホールを設置した際には、直径90センチメートル以上と大きくなります。通常の点検の際に人が出入りするときには、小さい蓋を使うというわけです。

沼津市のマンホールには、伊豆《いず》半島の大瀬崎《おせざき》から見た駿河湾越しの富士山と愛鷹《あしたか》山の風景が、市の花のハマユウ、市の木のマツとともに描かれています（**写真205**）。私は土肥《とい》からのフェリーの船上で駿河湾越しの富士山を見てきました。西伊豆の道路は海岸線の上り下りがきつく、自転車で走る自信がありませんでした。

伊豆半島にある韮山《にらやま》町（合併して伊豆の国市）のマンホールには、大きな富士山が反射炉と特産のイチゴとともに描かれていました（**写真206**）。江戸時代末期、伊豆の代官だった江川《えがわ》太郎左衛門《たろうざえもん》（江川英龍《ひでたつ》）が

205

206

207

208

つくった反射炉は、金属を溶かして大砲を製造するための施設で、現存するのはここだけです。2015年7月、この反射炉を含む「明治日本の産業革命遺産」の世界文化遺産登録が決まりました。江川太郎左衛門は海岸測量・砲術指南などのほかに、日本で初めてパン（堅《かた》パン）を焼いた人物としても知られています。

富士山の東側、御殿場《ごてんば》市の農業集落排水のマンホールには、富士山をバックにカカシとカラスが描かれています（**写真207**）。いたずらっぽいカラスを笠に乗せ、実った稲を守るカカシのちょっと困ったような表情がかわいいです。

同じ御殿場市の公共下水のマンホールには、富士山と市の花のフジザクラをバックに、坂を上る蒸気機関車（SL）「D52」の力強い姿が描かれていました（**写真208**）。SLとしては「D51」がよく知られていますが、「D52」は御殿場線の急勾配を上るために開発されたものです。1934年に丹那トンネルが開通するまでは、東海道本線はこの御殿場線を経由していました。

裾野市のマンホールにも富士山がありました（**写真209**）。手前に描か

209

裾野駅前にある富士山の看板。

れているのは、若山牧水《わかやまぼくすい》も訪れた黄瀬《きせ》川の五竜の滝と、市の花のアシタカツツジ。アシタカツツジは、愛鷹山や天子ケ岳《てんしがだけ》に自生する珍しいツツジです。裾野市はその名のとおり、富士山の裾野に広がり、東には箱根山の外輪山、西には愛鷹連山と豊かな自然に囲まれています。沼津市や三島市のベッドタウンとして、また先端技術の研究都市として発展しています。

駿東《すんとう》郡清水町は、狩野《かの》川下流域の沼津市と三島市のあいだにある町です。町には富士山からの伏流水が湧水（１日１３０万トン）となって流れ出る柿田川があります。マンホールには、水源となる富士山と柿田川や柿田橋（旧めがね橋）が描かれていました（**写真210**）。柿田川は日本三大清流に数えられ、柿田川湧水群として名水百選に選定されたほか、国の天然記念物にも指定されています。

210

静岡市のさらに西、焼津《やいづ》市のマンホール（**写真211**）には、ジャンプするカツオと富士山が描かれています。写真を撮ったのが5月の連休の頃で、ちょうど初ガツオのシーズンでした。「美味しそうなマンホール」ということで、私のお気に入りの一枚です。焼津市にはほかにもカツオ

211

やマグロの描かれたマンホールがありますが、このカツオが一番美味しそうです。

静岡県中部にある藤枝市のマンホール（写真212）は、富士山を中心に市の木のマツ、市の鳥のウグイス、市の花のフジが囲んでいます。この富士山はほかに比べて急峻で、おだやかな花・木・鳥の絵柄にアクセントを与えています。

212

213

さらに西の島田市では「大井川の蓮台《れんだい》渡し」*の背景に富士山が描かれています（写真213）。二人の女性を乗せてかつぐのは大変で、乗っている二人もゆっくり富士山を眺めるどころか、心細げな雰囲気が伝わってきます。島田市には女性が一人だけの「蓮台渡し」のマンホールもありましたが、そちらには富士山は描かれていませんでした。

＊江戸時代、徳川幕府は江戸防衛の砦として大井川に橋をつくらせなかった。川を渡るときには、肩車や、板に2本のかつぎ棒をつけた「蓮台」と呼ばれる台に旅客を乗せて渡った。

歌川豊国の錦絵「大井川蓮台渡」（国立国会図書館所蔵）。

豆知識……下水道用のマンホールで、ポンプなど大きな機械が入っているマンホールでは、機材の搬入のため、直径が90センチメートル以上のものもある。

山梨県側から見る富士山

まずは、なんといっても富士吉田市のマンホールです（**写真214**）。水道の制水弁の蓋としては、直径60センチの大きなもので、市の花のフジザクラ、市の木のシラカバ、市の鳥のアカゲラが、雪を頂いた富士山とともにカラーで描かれています。下水のマンホールにも富士山とサクラが描かれていますが、こちらはカラーのものが見つからず、富士山も図案化されたものでした（**写真215**）。元下水道マン（私のこと）としては、ちょっと悔しい思いがします。

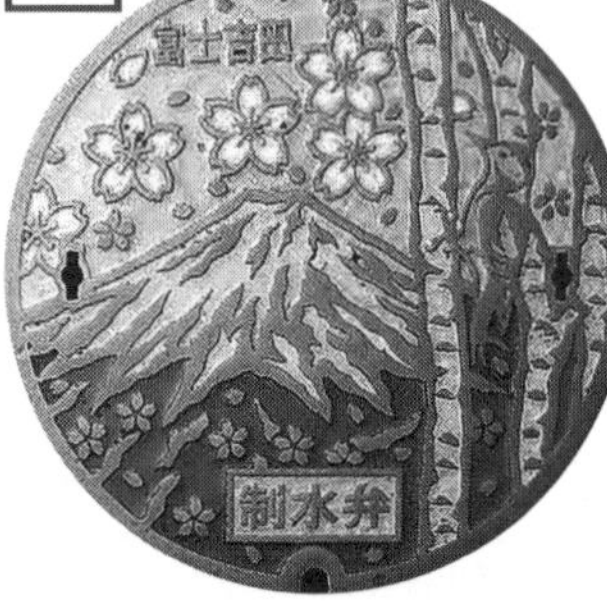

214

215

216

山中湖村のマンホールに描かれているのは、山中湖の湖面に遊ぶハクチョウと大きな富士山です（**写真216**）。実風景をそのまま絵柄にしているような雰囲気のあるデザインです。山中湖は半周しましたが、雨男の私にしては珍しく晴天に恵まれ、青空にくっきりと富士山を眺めながら走ることができました。

山中湖の後に向かった忍野《おしの》村のマンホールもなかなか良い絵柄です（**写真217**）。忍野八海《はっかい》の水車小屋と富士山は、絶好の撮影スポットとして人気の場所です。忍野八海の湧水でつくったお豆腐をいただきながら、ゆっくりと富士山を眺めてきました。

富士河口湖町の下水のマンホールには町の花のツキミソウが描かれていましたが、郵便局の前で見つけたものは、河口湖に映る「逆さ富士」がコスモスの花とともに描かれていました（**写真218**）。「Kampo」と書いてあるので、郵便局が独自に設置したものかもしれません。「かわぐちこまち」と表記があり、合併前の旧南《みなみ》都《つ》留《る》郡河口湖町で撮ったものなので、今でもこんなきれいなマンホールがあるかどうかは不明です。

218

219

富士急沿線の都留市・西桂《にしかつら》町には富士山の描かれたマンホールがありませんでした。近くの山が邪魔して富士山が見えないのかもしれません。ちょっと離れた大月市のマンホールには、雲海に浮かぶ富士山が猿橋と桂川のアユとともに描かれていました（**写真219**）。市の花のヤマユリ、市の木のヤエザクラも描きこんであります。猿橋は、橋脚を使わず両岸から張り出した「はね木」で支える木造の橋で、「岩国の錦帯橋《きんたいきょう》」「木曽の桟《かけはし》」と並び日本三奇橋の一つとされ、周囲の断崖とよく調和した美しい橋です。国の「名勝」にも指定されています。

217

富士山が見える限界の地は？

富士山は、静岡・山梨両県だけのものではありません。さすがに絵柄の扱いは小さくなりますが、近県にも見ることができます。

まずは神奈川県から。県西部、御殿場《ごてんば》線沿線の山北《やまきた》町のマンホールには、丹沢湖と永歳橋の奥に富士山が描かれています（**写真220**）。ここからだと山頂部分だけしか見えないようです。

東京都では小平市のマンホールに富士山が登場します（**写真221**）。武蔵野の住宅地の風景ですが、火の見やぐらの奥に小さく富士山が見えています。色がないと見落としてしまいそうな大きさです。このデザインは、下水道整備が完了したことを記念して、市民から公募した作品です。

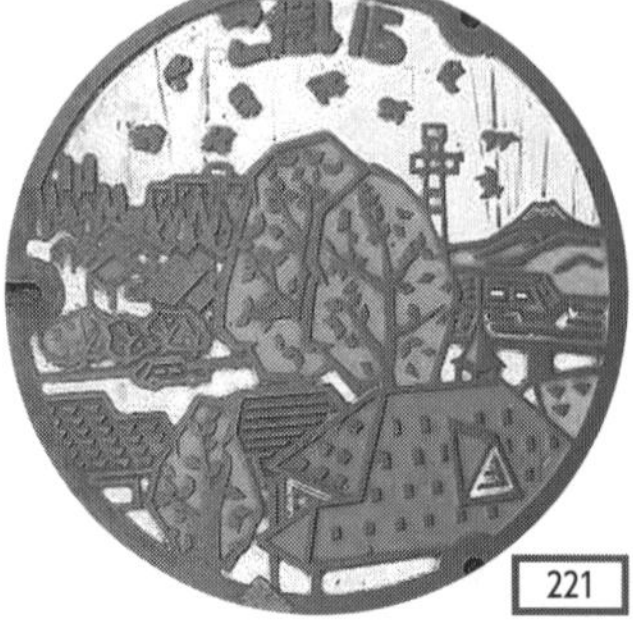

221

多摩市のマンホールにも富士山が描かれています（**写真222**）。多摩川に架かる橋と遡上するサケの姿の向こう側に富士山が見えます。

220

222

223

224

かつて多摩川にサケをよみがえらせようと稚魚が放流されていました。

埼玉県の三芳《みよし》町のマンホールには、水の精である「みらいくん」と「関越道《かんえつどう》」、そして雪を頂いた「富士山」がデザインされています（**写真223**）。「みらいくん」は三芳町生誕１００年を記念して、１９８９年に町のキャラクターとして誕生し、三芳の未来を創るマスコットということで「みらいくん」と名付けられました。

ところで、富士山が見えるのは、どこまででしょうか。

探してみると、東京湾を挟んで千葉県の富津《ふっつ》市のマンホールにもありました（**写真224**）。東京湾をまたぐ東京湾口道路とその奥に富士山が描かれています。想定ルートは、東京湾入口の浦賀水道を吊り橋または海底トンネルで横切り、横須賀市から富津市に至る延長約17キロメートルですが、現在は計画が棚上げされていて、事実上凍結状態になっています。

ここまでと思いきや、さらに遠くにありました。茨城県の牛堀《うしぼり》町（合併して潮来《いたこ》市）のマンホールに描かれているのは、葛飾北斎《かつしかほくさい》の『富嶽三十六景』*のなかの「常州牛堀」です（**写真225**）。絶景といわれる「牛堀の帰帆」を

225

描いたものですが、遠くに富士山が見えています。北斎が描いた場所といわれる権現《ごんげん》山からは、天気の良い日には、筑波《つくば》山と富士山を同時に見ることができます。

＊浮世絵風景画の代表作。日本各地から見える富士山の景観を描いている。当時、茨城県の霞ヶ浦は、富士山を眺めることができる景勝地として知られていた。

日本各地にある〝富士山〟

利尻《りしり》富士、蝦夷《えぞ》富士、渡島《おしま》富士

日本には各地に〝富士山〟があります。通称「○○富士」と呼ばれる山々です。

まず北海道では、利尻《りしり》富士と呼ばれる利尻山が稚内《わっかない》市のマンホールに登場します（**写真226**）。海にぽっかり浮かぶのが利尻島そのものです。奥に夕日の沈む利尻富士、手前には北海道遺産＊に選定された稚内港北防波堤ドーム、2匹の犬は、南極探検で置き去りにされながら1年間を生き延びた樺太《からふと》犬の「タロ・ジロ」です。

226

227

228

北海道の南西部には「蝦夷《えぞ》富士」と呼ばれる羊蹄《ようてい》山があります。京極町のマンホールに、羊蹄山と、湧水の噴き出し口のある「ふきだし公園」が描かれていました（写真227）。名水百選に選ばれている噴き出し湧水は、羊蹄山に降った雨や雪が数十年の歳月をかけて地下に浸透し、京極のこの地に湧き出したものです。水温は一年を通して約6・5度で、一日に約8万トンもの水量があるそうです。

さらに南の「渡島《おしま》富士」と呼ばれる駒ヶ岳は、森町のマンホールに登場します（写真228）。国土地理院の地形図に「駒ヶ岳」と明記されている山は、日本に18座ありますが、「～富士」の別称を持つのはこの駒ヶ岳だけです。富士の名はあっても山の形のイメージは違いますが、駒ヶ岳は激しい噴火をする活火山で、噴火を繰り返して現在の姿になったそうです。

ふきだし公園にある「羊蹄の吹き出し湧水」。

*「次世代に引き継ぎたい北海道の宝物」として、北海道に生きてきた人々の歴史、文化、生活・産業などさまざまな有形無形の価値のなかから2001年に第1回選定で25件、2004年の第2回選定で27件の計52件が選定されている。選定は、全国公募から、専門家らで構成される専門委員会によっておこなわれる。

豆知識……水道やガス用のマンホールは、おもに制水弁や止水栓、仕切弁といった機器類を保護するボックスとして設置されている。内部は浅く、蓋はその機器を操作する工具が入る大きさがあればよいので、直径10～20センチメートルの小さいサイズのものが主流だ。

津軽《つがる》富士、南部富士、出羽《でわ》富士

東北地方では、「津軽《つがる》富士」と呼ばれる青森県の岩木山が、津軽平野の南にそびえる霊峰として、いくつもの町村のマンホールに描かれています。まず岩木山のある岩木町（現在は弘前市と合併）のものを紹介しましょう（**写真229**）。奥に岩木山、まんなかに町の花「ミチノクコザクラ」と岩木川、川にはヤマメが泳ぎ、左に稲穂、右にリンゴがデザインされています。津軽平野は、米とリンゴも外せません。

229

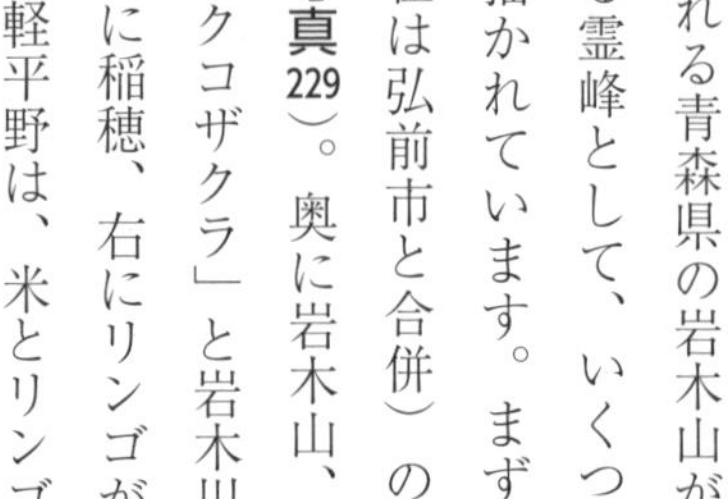

青森県の最高峰として知られる「岩木山」。

五所川原《ごしょがわら》市の西にある柏村のマンホールには、たわわに実ったリンゴ畑の背景に岩木山が描かれています（**写真230**）。ここには青森県指定天然記念物になった日本最古のりんごの木があります。柏村をさらに北上した岩木川西岸の稲垣村は、一面の田んぼが広がる、その名のとおりの稲作地帯です。マンホールにも、中央の岩木山を取り囲むように稲穂が描かれています（**写**

230

231

真231）。「しげほ」は地区名のようで、ほかに「さいか」と書かれたものもありました。両村とも木造町などと合併し、現在はつがる市になっています。

岩手県西部にある岩手山は、「南部富士」あるいは「岩手富士」とも呼ばれています。県の最高峰で、南麓にある小岩井農場がよく知られています。岩手山は滝沢村の華やかな馬具を纏った馬の祭り「チャグチャグ馬コ」とともに描かれていました（写真232）。この祭りは牛馬の無病息災を願う祭りで、酪農の村ならではのものでした。最近は宅地化が進んで人口も増加し、２０１４年に村から「滝沢市」になりました。

盛岡市の北に接する玉山村のマンホールには、村の花スズランが描かれています（写真233）。下に描かれている山が岩手山で、上の三角形が図案化された北上川です。この村も２００６年、盛岡市に合併しました。

秋田県と山形県の境にある「出羽《でわ》富士」と呼ばれる鳥海《ちょうかい》山も、多くの市町村のマンホールに登場します。鳥海山は、日本海沿いの２０００メートルを超える単独峰で、どこからでも眺め

232

233

富士山のように長い裾野を引く「岩手山」。

豆知識……下水道用の直径60センチメートルサイズのものは、人が入って作業をするので「マンホール」と呼び、水道やガス用の小さいサイズのものは、手だけを入れて作業するあなで「ハンドホール」とよんで区別している。

234

235

236

237

られます。鳥海山の麓、秋田県側の鳥海町のマンホールには、町の花のツツジと町の鳥のヤマドリとともに鳥海山が描かれていました（写真234）。秋田県北部の藤里町の工事現場で見つけた鳥海町のマンホールにはオコジョが描かれていたのですが、鳥海町内では見つけることができませんでした。隣の矢島町や本荘《ほんじょう》市の集落排水のマンホールにも鳥海山が登場しています。鳥海町と矢島町、本荘市は、現在は合併して由利本荘市になっています。

　同じ秋田県の十文字町の農業集落排水のマンホールには、カラーで鳥海山が白鳥と雄物《おもの》川とともに描かれていました（写真235）。これは植田地区のものですが、もう一つ今泉地区にも同じ組み合わせでデザインの異なるものがありました。カラーのマンホールは十文字町の白鳥とサクランボのマンホールとともに町役場の玄関にありましたが、２００５年に横手市に合併したあともまだ展示してあるか気になります。

山形県と秋田県にまたがる鳥海山。

山形県側では、県境にある遊佐《ゆざ》町のマンホールに、町の花「チョウカイフスマ」の白い花とともに描かれています、（写真236）。鳥海山の山頂は、遊佐町にあります。写真のマンホールの周りにあるのは雪です。雪が積もっているのに探し出せたのは、理由があります。実はマンホールのなかを流れる下水は温かいので、蓋の上は雪が解けていることが多いのです。

鳥海山の南にある八幡《やわた》町（現在は酒田市）は、「出羽富士の里」と呼ばれています。マンホールには、鳥海山南麓に源を発する日向《にっこう》川の川面に跳ねるイワナが町の花のヤマユリとともに描かれていました（写真237）。八幡町のもう1枚のマンホールには、イワナの代わりに稲穂が描かれていました。庄内平野は米どころでもあります。

●会津《あいづ》富士、榛名《はるな》富士、越前《えちぜん》富士

福島県の磐梯《ばんだい》山は「会津《あいづ》富士」と呼ばれます。1888年に大爆発を起こし、北側に大きな火口をつくりました。このときの泥流が川をせき止め、檜原《ひばら》湖や五色《ごしき》沼などの多くの湖沼をつくりました。会津若松市のマンホールには、市の木のアカマツの向こうに磐梯山が見えます（写真238）。南側から見る磐梯山は、「会津富士」の名前どおり円錐形をしていま

238

す。猪苗代《いなわしろ》町のマンホールには、猪苗代湖に遊ぶハクチョウと磐梯山、町の木のナナカマドが描かれています（写真239）。猪苗代町は猪苗代湖の北岸にある町ですが、この絵柄のように湖の向こうに磐梯山ということは、南岸から見た景色ということになります。

239

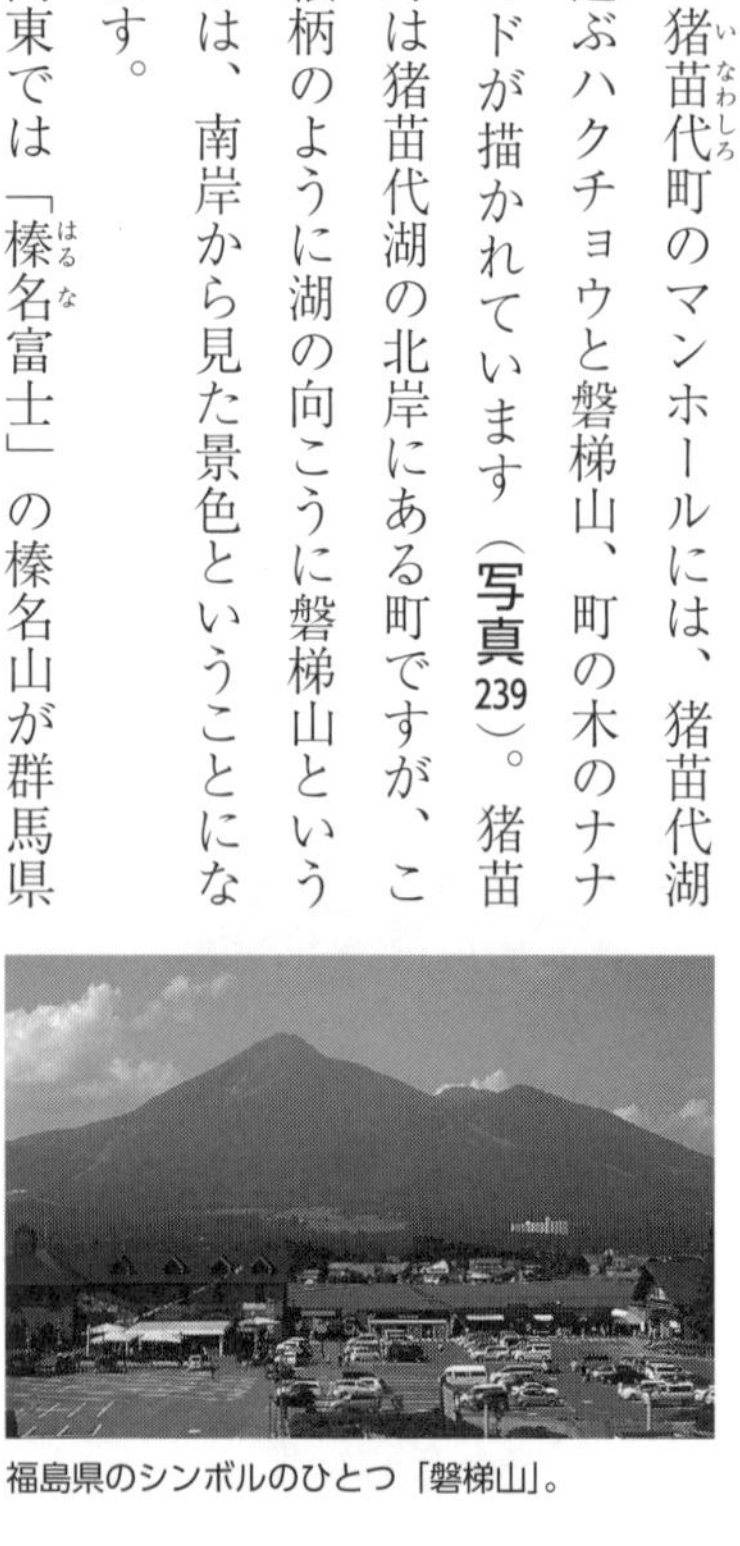

福島県のシンボルのひとつ「磐梯山」。

　関東では「榛名《はるな》富士」の榛名山が群馬県榛名町のマンホールに描かれていました（写真240）。周りに描かれているのは、町の木のスギ、町の花のナシとユウスゲ、町の鳥のセキレイです。榛名山は外輪山とカルデラ内のポッコリとした中央火口丘とからなり、「榛名富士」と呼ばれているのはこの火口丘です。最高峰は外輪山の掃部《かもん》ケ《が》岳《だけ》で、遠くから見るとギザギザの山で、とても富士とはいえません。榛名町は2006年に高崎市に合併しましたが、旧榛名町地区には同じ絵柄に「たかさき」と書かれたものが設置されていました。

榛名山の山中には、榛名神社や水沢観音などの寺社がある。

240

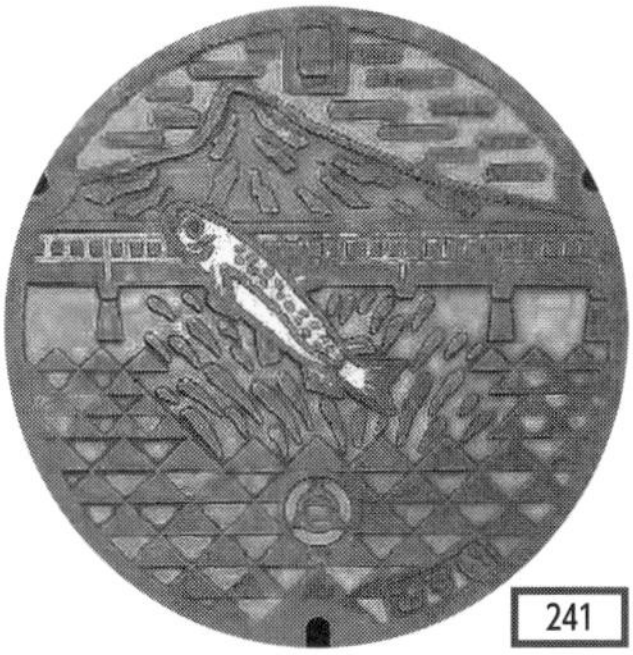

241

福井県では「越前《えちぜん》富士」の日野山が、武生《たけふ》市（合併して越前市）のマンホールに登場します（**写真241**）。私はマンホールの山を調べていて、初めて「越前富士」を知りました。市内には「紫式部公園」があります。父親である藤原為時《ふじわらのためとき》がこの地に国司として赴任した際に、ともにこの地に移り住んだ紫式部は、この山を眺めて遠く京を偲んだそうです。1年ほどで父を置いて京に戻ってしまったようですから、都の生活がよほど懐かしかったのでしょう。公園には金色の紫式部像が日野山のほうを向いて立っています。

●近江《おうみ》富士、伯耆《ほうき》富士、讃岐《さぬき》富士、薩摩《さつま》富士

滋賀県の野洲《やす》市で合併後につくられたマンホールには、山が描かれています（**写真242**）。地図を見ると三上山のようです。標高432メートルと低い山ですが、「近江富士」と呼ばれています。『古事記』や『延喜式』にも記述が見え、紫式部の和歌にも詠まれた由緒ある山です。別名は「ムカデ山」。昔、大ムカデが住んでいて瀬田の竜宮城を荒らすので、田原藤太秀郷《たわらとうだひでさと》が退治したという伝説が残されています。手前に描かれているのは野洲川で、花は合併前の旧中主《ちゅうず》町の

242

豆知識……ハンドホールとよばれる、別の製品もある。ケーブルを地下に埋設するときに中継用としてつかわれる地中箱のことだ。こちらも工事完了後の保守作業に対して人がそのなかに入ることがないので、マンホールではなくハンドホールとよばれている。

243

シンボルだったアヤメです。

中国地方では「伯耆《ほうき》富士」、鳥取県の大山《だいせん》がよく知られています。日野川沿いの市町村のマンホールに大山が描かれていました。その代表として、岸本町（合併して伯耆町）のマンホールを紹介しましょう（**写真243**）。大山の麓の日野川の流れと町の花のキク、中央にあるのは名産のスイカです。その左にあるのは国の重要文化財にも指定されている「石製鴟尾《しび》」です。「鴟尾」とは、寺院建築物の屋根を飾った火災よけ・厄よけに用いる装飾品のことで、〝城に取り付けるシャチホコの始祖〟ともいわれます。東大寺の大仏殿など大きな寺の屋根に載っているそれが、岸本町役場の屋根にも載っていました。大山は米子市の集落排水のマンホールなどにも登場しますが、鳥取県西部にはまだまだ多くの「伯耆富士」が描かれていると期待しています。

四国の香川県には「讃岐《さぬき》富士」の飯野山があります。標高422メート

屋根の両端を飾る「鴟尾」。

鳥取県および中国地方の最高峰である「大山」。

244

ルと高くはありませんが、讃岐平野にポッコリと突き出た、かたちの良い山です。マンホールに書かれた地名の飯山《はんざん》町は、現在は丸亀市に合併しています。写真244のマンホールには飯野山と町の特産のモモの実、町の木のサザンカ、それに偏平足の足が描かれています。これは「おじょも伝説」に登場する巨人の足跡です。その「おじょも」が担いでいたモッコの土をひっくり返してできたのが飯野山だと言い伝えられています。

九州の鹿児島県には「薩摩《さつま》富士」の開聞《かいもん》岳があります。薩摩半島の南端に位置する標高924メートルの火山で、日本百名山、新日本百名山および九州百名山にも選定されています。指宿《いぶすき》市のマンホールの絵柄になっているのですが、まだ撮影する機会にめぐまれず、残念です。

マンホールの絵柄には、「○○富士」ではない山もたくさん描かれます。筑波《つくば》山、八ヶ岳《やつがたけ》や甲斐駒ヶ岳、木曽駒ヶ岳、北アルプス等々、それぞれ街の象徴として親しまれています。ここでは紹介しきれませんが、ぜひ皆さん自身で見つけてみてください。

豆知識……下水道のマンホールの蓋は、日本全国で約1400万個以上。蓋の標準サイズは約60センチメートルなので、そのサイズで計算すると、日本から海を越えてアメリカのカリフォルニアぐらいまでの距離になる。

蓋の模様はなんのため？

マンホールの蓋の表面模様の役割は、そもそも「滑り止め」です。表面模様の凹凸が小さすぎると滑りやすく、大きすぎると歩行者がつまづきやすくなります。蓋の滑り具合をアスファルトやコンクリートの舗装に近づけるには、凹凸の差はおよそ6ミリメートルだとされています。

ただし、車両タイヤによって、蓋表面の凹凸は年間平均0・2ミリメートルほど摩耗するといわれ、すりへったマンホールの上を走行してタイヤがスリップしてしまうこともあります。

数種類の規格品もあり、デザインマンホールが登場する前は、どこも同じような幾何学模様のような凹凸のついた蓋が設置されていました。理想的な凹凸の割合は2対1で、デザインを決めるときの重要なポイントとなっています。

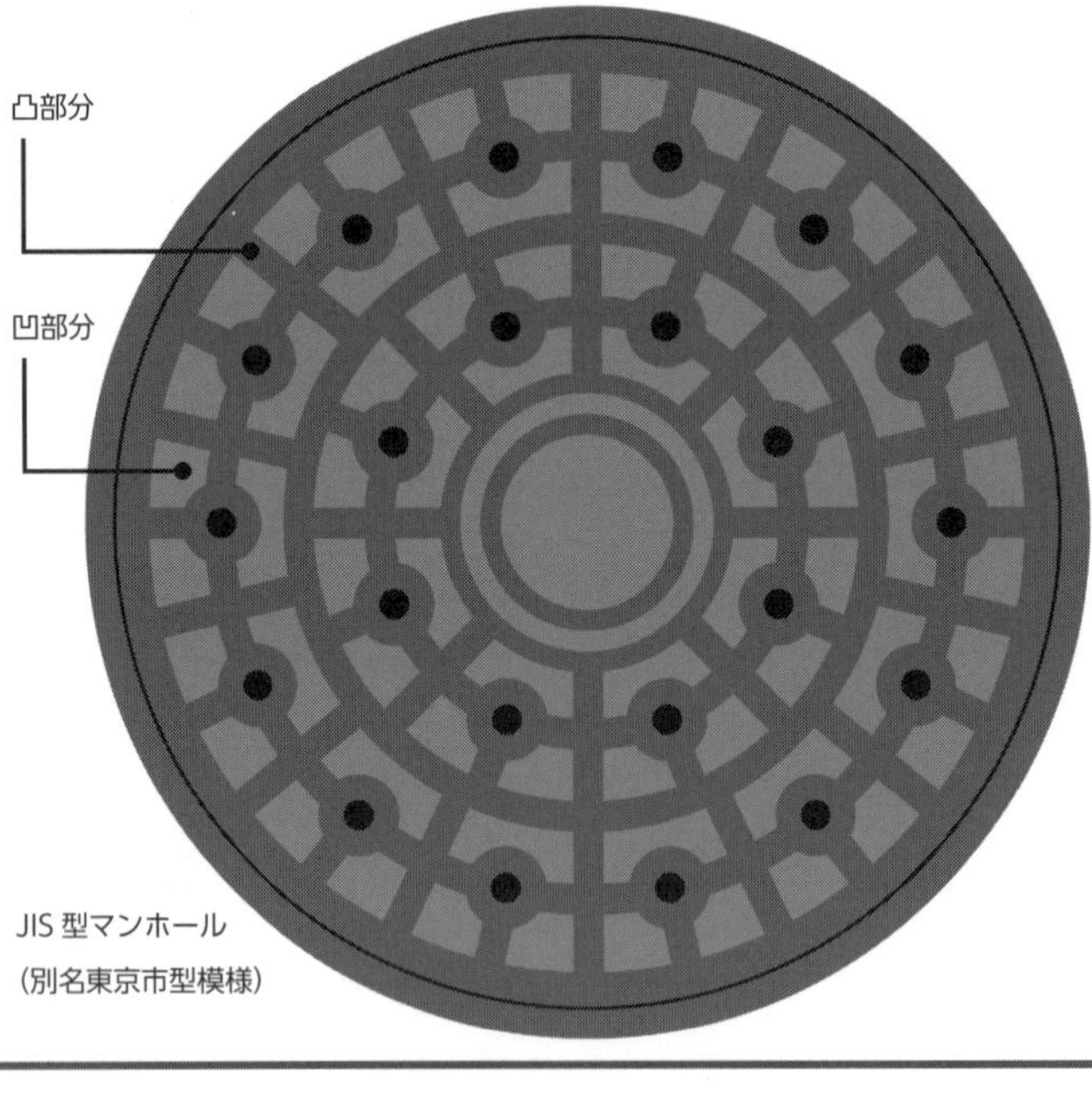

JIS 型マンホール
（別名東京市型模様）

3 富岡製糸場と歴史的建造物

世界遺産となった富岡製糸場

富士山につづいて国内18件目の世界遺産に登録されたのが、「富岡製糸場*」です（2014年6月）。全体が国の史跡に、初期の建造物群が国宝および重要文化財にも指定されています。

　富岡製糸場のある群馬県富岡市を訪れたのは2011年でした。「退職後の手（足？）始めの輪行を」と榛名《はるな》山麓から鏑《かぶら》川沿いを走りました。「富岡製糸場を世界遺産に」と市全体で盛り上がっていた頃です。**写真301**が富岡市のマンホール。上部に製糸場の全景、下はフランス積みの煉瓦《れんが》、あいだには市の花のサクラと、繭《まゆ》のなかに顔の表情が描かれています。ちなみに別のマンホールには、旧富岡市章と旧市の花のフジ、市の木のモミジ、鏑川の流れ、周りに富岡製糸場の煉瓦が描かれていました（**写真302**）。新たにつくったマンホールは、登録をめざして大いに気運を盛り上げてくれたようです。

　富岡製糸場より前に世界遺産に登録された大先輩が、岐阜県

301

302

303

白川村の「合掌《がっしょう》造り」です（写真303）。私が訪れたのは夏のシーズンで、多くの観光客でにぎわっていました。次回はぜひ雪のなかの「合掌造り」を見てみたいものです。ただし自転車では無理かもしれません。

＊1872年に殖産興業をになう官営工場として設立。国内で近代以降につくられた産業施設が世界遺産に登録されたのは初めてのこと。

急勾配の屋根をもつ「合掌造り」。

近代日本の建築物

●役所の建物

世界遺産ではないものの、近代日本の遺産ともいえる建築物が絵柄になったマンホールはたくさんあります。富岡製糸場のように「官営」の建物が描かれることも多く、各地の官公署（役所など

304

の行政機関）が取り上げられています。

旧北海道庁*が描かれているのは、国土交通省の事業所のマンホールです。私の手元には函館《はこだて》（写真304）をはじめ室蘭《むろらん》など8か所の名前の書かれたものがあります。実物の建物に比べてずいぶん簡略化されていますが、特徴はよく表れています。各支庁に置かれているとすれば、14あるはずなので、残りを見つけるのが楽しみです。

明治の洋風建築を伝える「旧伊達《だて》郡役所」が描かれているのは、福島県の桑折《こおり》町のマンホールです（写真305）。桑折町は、伊達氏《うじ》の祖である中村氏が城を築いた地であり、北部にあった半田銀山は、「石見《いわみ》銀山」（島根県）、「生野《いくの》銀山」（兵庫県）とならんで日本三大銀山として栄え、それで立派な郡役所が建てられたのでしょう。銀山は第二次世界大戦後に廃坑となりました。

＊広大な北海道に特有な仕組みで、1872年に北海道開拓使の出先機関として5つの支庁（札幌に本庁、函館、根室、宗谷、浦河および樺太《からふと》に支庁）が設けられて以来、14の支庁体制となっていた（2010年に制度変更）。

「赤れんが」の愛称で知られる北海道庁旧庁本社。

305

公会堂

官公署ではありませんが、函館市のマンホールには、「旧函館区公会堂」が五稜郭《ごりょうかく》とともに描かれていました（**写真306**）。明治時代に建設されたコロニアルスタイルの西洋館で、国の重要文化財に指定されています。ライトアップされた姿は今も優雅に誇らしげです。五稜郭が描かれているのも、マンホールファンとしてはうれしいことです。

愛知県豊橋《とよはし》市のマンホールには、「豊橋市公会堂」と路面電車、市の花のツツジが描かれていました（**写真307**）。この建物は1931年に竣工しました。鉄筋コンクリート造りで、スペイン風の円形ドームがある外観はロマネスク様式を基調としたものです。ほとんどのドアや窓サッシ等は竣工当時のままで、国の登録有形文化財に指定されています。この絵柄と同じ写真を撮ろうとしばらく自転車を停めて待機しました。ツツジが咲く季節でなかったのが残念です。

306

307

明治時代のモダンさが漂う「旧函館区公会堂」。

豊橋市公会堂の正面外観と路面電車。

学校の校舎

古い建物のなかでもよく保存されているのが学校です。山梨県の増《ます》穂《ほ》町（合併後は富士川町）のマンホールの絵柄になっているのは、旧春米《つきよね》学校の校舎です（**写真308**）。バルコニーのある1876年完成のモダン建築は、当時の山梨県令（今の県知事）の名前にちなんで「藤村式建築」といわれています。屋上の六角形の塔屋で太鼓を鳴らして時を告げていたことから「太鼓堂」とも呼ばれました。1974年まで町役場として使われ、その後、民俗資料館になっています。

福井県の三《み》国《くに》町（合併後は坂井市三国町）のマンホールには、「旧龍翔《りゅうしょう》小学校」が描かれています（**写真309**）。小高い丘の上に立つ建物は、1879年オランダ人エッセルによるデザインで、木造五階建て八角形というユニークな形状の小学校です。現在は「みくに龍翔館」として博物館になっています。一緒に描かれているのは東尋坊《とうじんぼう》の風景です。あの断崖の上に立って下を見るたびに、お尻の穴がムズムズするのは私だけで

309

308

東尋坊の岸壁と日本海。

310

しょうか。

　愛媛県の西部にある宇和町（合併後は西予《せいよ》市宇和町）では、「開明学校」が町の花のレンゲとともに描かれていました（写真310）。校舎は木造二階建て白壁造りで、窓枠をアーチ状にするなど洋風の意匠を取り入れています。白壁が印象的なのは、実際の建物も同じでした。この学校は四国最古の小学校で、歴史的価値の高さから1997年に国の重要文化財に指定されました。

1882年に建てられた「開明学校」。

時計台、時の鐘

　札幌市のマンホールに時計台が描かれていましたが（→P10）、時計台が登場するマンホールはほかにもあります。高知県の安芸《あき》市のマンホールにあったのは「野良《のら》時計」です（写真311）。明治

311

312

の中頃に大地主だった畠中源馬《はたけなかげんま》氏が、外国から取り寄せたアメリカ製の八角掛時計を参考に、独学ですべてのパーツを手づくりしたとか。当時はほとんどの人が時計を持っておらず、野良作業の人々が時間を知るのに役立っていました。野良時計のある一帯には江戸時代の武家屋敷が多く残っていて、散歩しているとゆったりとした気分にさせてくれます。

東京近郊では、埼玉県川越《かわごえ》市のマンホールに「時の鐘」が描かれていました（**写真312**）。地元では鐘撞堂《かねつきどう》とも呼ばれる三層構造の塔で、高さは16メートル。古くは鐘撞き守が時を知らせていましたが、現在は機械式で1日に4回鐘の音を響かせます。川越市は太田道灌《おおたどうかん》が川越城を築いたところで、江戸時代の古い街並みが保存され、白壁の蔵が続く道をのんびりと散策が楽しめます。

明治時代につくられた「野良時計」。

川越市の中心部にある「時の鐘」。

岩槻城下の「時の鐘」。

同じ埼玉県の岩槻市（現在は、さいたま市）のマンホールにも「時の鐘」が登場します（**写真313**）。岩槻の「時の鐘」は、1671年に城主阿部正春《あべまさはる》が城下町に時を知らせるために設置し、その後ひびが入り、約50年後に改鋳されたものが現在に伝わっています。市の花のヤマブキは黄色に、岩槻城址公園の池に架かる朱塗りの八ツ橋は赤色に着色されたカラーマンホールです。上にあるのは岩槻城黒門です。

313

兵庫県の出石《いずし》町（合併後は豊岡市）は「但馬《たじま》の小京都」と呼ばれる町並みを残し、若い女性に人気のある観光地になっています。マンホールに描かれているのは、明治時代初期の時計台「辰鼓楼《しんころう》」と町の花のテッセンです（**写真314**）。カラーのマンホールは辰鼓楼前の土産物店が並ぶ石畳の道で見つけました。「辰鼓楼」という名のとおり、もともとは辰の刻（7時から9時）に城主登城を知らせる太鼓を叩く楼閣があったところです。その後、明治初期に機械式大時計が寄贈され、現在のような姿の時計台になりました。テッセンは、本覚寺で5月下旬～6月下旬頃が見頃だそうです。

314

豆知識……下水道が最初に誕生したのは、メソポタミアや古代インドだといわれる。バビロンやモヘンジョ・ダロなどの都市で下水道がつくられていたという記録が残っている（→P98）。

由緒ある地元の建築物

さまざまな施設

山形県鶴岡市のマンホールに描かれているのは「大寶館《たいほうかん》」です（**写真315**）。大正天皇の即位を記念して建てられたもので、バロック風の窓とルネッサンス風のドームがあるのが特徴です。現在は、明治の文豪・高山樗牛《たかやまちょぎゅう》ら鶴岡の先人たちの資料館となっています。大寶館の周りには旧藩校致道館《ちどうかん》、旧西田川郡役所などの史跡が多くあり、鶴岡公園となっています。このサクラは「日本さくら名所百選」に選ばれ、山形県では最も早く見頃を迎えます。

1915年に建てられた「大寶館」。

隣の酒田市のマンホールには「山居《さんきょ》倉庫」が描かれていました（**写真316**）。米どころ庄内平野でとれた米はここに集められ、北前船《きたまえぶね》で京や大阪に送られていました。西側はケヤキ並木になっていて、陽射しをさえぎると同時に冬の強い季節風から建物を守っていま

315

316

す。現在、倉庫の一部は資料の展示のほか、お洒落な店としても使われています。かつてはNHKの連続テレビ小説「おしん」のロケ地にもなりました。

317

318

秋田県の小坂町は、かつては日本一の鉱山として栄えたところです。マンホールに描かれているのは芝居小屋「康楽館」です（**写真**317）。小坂鉱山に働く人の厚生施設として造られ、外観正面は下見板張りの白塗り、上げ下げ式窓と鋸歯《きょし》状の軒飾りで洋館風。一方、内装は桟敷《さじき》、花道など典型的な和風芝居小屋という和洋折衷が特徴です。建物は国の重要文化財で、旧金毘羅《こんぴら》大芝居（香川県仲多《なかた》度《ど》郡琴平《ことひら》町）や永楽館（兵庫県豊岡市）とともに、日本最古級の劇場の一つです。

福島県福島市の飯坂温泉には「鯖湖湯《さばこゆ》*」を描いたマンホールがありました（**写真**318）。鯖湖湯は飯坂温泉街のなかで最も古い共同浴場で、現在も9か所ある共同浴場の一つとして利用されています。御影《みかげ》石の浴槽があり、脱衣場と浴室の間の壁がない昔のスタイルです。温泉街の共同浴場は、お客さんがいつでもお湯に入れるように定休日をずらしてあり

常打ちの芝居小屋だった「康楽館」。

ます。ちなみに鯖湖湯は月曜日が定休日（休日は営業）です。周りにリンゴ、モモ、サクランボ、ナシなどの果物がデザインされていて、さすが「フルーツ王国」の福島です。

＊1689年に、松尾芭蕉《まつおばしょう》が飯坂に立ち寄った際に入湯したといわれている。日本最古の木造建築共同浴場として親しまれてきたが、1993年に明治時代の共同浴場を再現した御影石の湯舟に改築された。

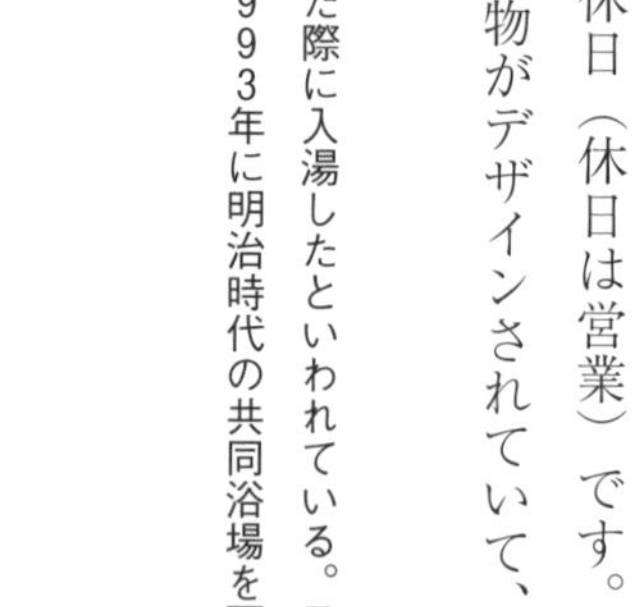

明治を偲ぶ共同浴場の「鯖湖湯」。

個人の住宅

新潟県の田上町《たがみ》は県中東部にあり、東は五泉市《ごせん》、西は信濃川《しなの》をへだてて白根市《しろね》（合併して新潟市南区）、南は加茂市《かも》に接する農業の町です。マンホールには町の花のアジサイと旧家の門（薬医門）が描かれていました（**写真319**）。この建物は「椿寿荘《ちんじゅそう》」で、江戸後期から大正期にかけて栄えた越後屈指の豪農・田巻家の離れ座敷です。全国から銘木を集め、釘を一本もつかっていない寺院様式の建物です。近くの護摩堂山にはあじさい園があり、6～7月には「あじさいまつり」も開かれます。

大阪府富田林市《とんだばやし》のマンホールには、市の木のクスノキと、市の

319

320

花のツツジ、旧杉山家住宅、金剛《こんごう》山、葛城《かつらぎ》山が描かれています（**写真320**）。杉山家は富田林寺内町の創設にかかわった旧家の一つで、江戸時代は造り酒屋として栄えました。この住宅は現存する町家のなかでも最古といわれ、江戸時代中期の大規模な商家の遺構として、国の重要文化財に指定されています。また与謝野晶子《よさのあきこ》らとともに活躍した明星派の歌人・石上露子《いそのかみつゆこ》の生家としても知られています。

1600年代から町の中心的存在だった「旧杉山家住宅」。

山口県南東部にある大和《やまと》町（合併して光市）については、足（自転車）を踏み入れるまで全く知りませんでした。マンホールの建物の絵（**写真321**）を見ても「古い洋館だな」と思っただけでしたが、帰って調べると旧伊藤博文《いとうひろぶみ》邸だとわかりました。日本の初代首相の生地だったのです。ルネッサンス風の邸宅は伊藤博文自身が設計したそうで、現在は生家や資料館とともに公開されています。描かれているアジサイは町の花です。

洋館木造モルタル2階建ての「旧伊藤博文邸」。

321

現存する数々の城

●国宝級の城

日本を代表する歴史的建造物に「城」があります。集めてみると、城の描かれたマンホールはたくさんありました。

322

まずは国宝「犬山《いぬやま》城」です。愛知県北部の木曽川の南にある犬山市。その木曽川に面した南岸に犬山城があります。現存する日本最古の天守閣があり、天守が国宝に指定されている四城（他に姫路城、彦根城、松本城）のうちの一つです。別名「白帝《はくてい》城」とも呼ばれています。マンホールには、犬山城とともに木曽川の流れと「鵜飼い」も描かれています（**写真322**）。鵜飼いといえば長良《ながら》川がよく知られていますが、こちらは〝木曽川の鵜飼い〟。犬山橋上流から乗船し、犬山城を見上げながらの鵜飼い見物もできます。

滋賀県の琵琶湖畔にある彦根市のマンホールには、彦根城の石垣とお堀

小高い山の上に建てられた犬山城。

の白鳥、右側には市の花のハナショウブが描かれています（写真323）。ちょっと小さめですので、汚水枡《ます》ハンドホール*です。天守閣は国宝に指定されていますが、絵柄は残念ながら石垣だけでした。この石垣は天秤櫓に向かって右が野面《のづら》積み、向かって左が打込み接ぎとなっています。野面積みは自然石をそのまま積み上げる方法、打込み接ぎは表面に出る石の角や面をたたき平たくして、石同士の接合面の隙間を減らして積み上げる方法です。

323

*手だけを入れて作業するあな（→P59豆知識）。

● 東北地方の城

ここからは北から順に見ていきましょう。

宮城県中央部の涌谷《わくや》町は、東北本線の小牛田《こごた》から石巻《いしのまき》線で二つ目の駅にあります。マンホールの絵柄は、涌谷城と町の花のサクラです（写真324）。涌谷は伊達《だて》騒動（江戸時代の伊達家のお家騒動、小説『樅《もみ》の木は残った』に詳しい）の中心人物である伊達安《あ》芸《き》の居城だったところで、現在は城山公園になっていて、サクラの名所として親しまれています。涌谷町は、かつて黄金（砂金）

324

325

の産地であり、東大寺の大仏建立の際に黄金９００両（約13キログラム）を献上したと伝えられています。

横手市は秋田県中央部にあり、県内でも雪の多いところです。鎌倉時代から小野寺氏の城下町で、横手城はサクラの名所でもあります。**写真325**のマンホールに城やサクラとともに描かれている「かまくら」の横手の雪まつりは、毎年2月におこなわれます。秋田の代表的な冬の祭りで、雪屋を造り「水神様」を祀ります。「大人には『ぼんでん』のほうが燃えますよ」と飲み屋のマスターが教えてくれました。「ぼんでん」とは、火消しに使われた「纏《まとい》」の名残が、今のような大型になって受け継がれているもの。約３００年の歴史をほこり、ぼんでんの頭飾りの豪華さを競いながら、先陣を争って勇壮に旭《あさひ》岡山《おかやま》神社へ奉納する「梵天《ぼんでん》祭り」*は小正月行事です。

本来の「横手城」には天守はなく、模擬天守が建設された。

五城目《ごじょうめ》町は秋田県西部南秋田郡の中心です。八郎潟は干拓されて大潟村になりました。その東に位置する五城目町にお城があるとは知りませんでした。マンホールに描かれていたのは、五城目城と町の花のヤマユリです（**写真326**）。五城目城は安土桃山時代から江戸時代の初めにかけての山城で、藤原内記秀盛《ふじわらのないきひでもり》の居城とされています。本来の五城目城は天守を持っていませんでしたが、現在、城跡のある森山の中腹には模擬天守が建っていて、内部は森林資料館になっています。町名もお城にふさわしいものです。

松山町（合併して酒田市）は、山形県北西部、庄内平野東部にあり最上《もがみ》川に沿う町です。中心の松嶺《まつみね》は城下町だったところで、マンホールには、松山城址に残る大手門が町の木のアカマツとともに描かれていました（**写真327**）。松山城は庄内藩酒井家の支藩・松山二万五千石の城で、大手門は多聞楼《たもんろう》とも称され、山形県内に残る唯一の江戸期の城門です。一度落雷により焼失しましたが、酒田の本間家の寄進によって再建されました。総ケヤキの建築に白壁の格間、瓦は二重になっている城郭建築で、県指定文化財になっています。

328

写真328は福島県の南部にある白河市のマンホールです。白河は、かつて奥州の入口として勿来《なこそ》とともに関所のあったところです。マンホールにある城は、「寛政の改革」で歴史の教科書にも載っている松平定信《まつだいらさだのぶ》が城主であった小峰城です。定信は江戸幕府の財政立て直しのために厳しく倹約政策を進め、庶民には評判がよくなかったといわれますが、地元では〝名君〟として讃

326

327

えられています。東北地方では珍しい総石垣造りの城で、盛岡城、若松城とともに「東北三名城」の一つにも数えられています。城は戊辰《ぼしん》戦争で大半を焼失し落城しましたが、１９９１年に本丸跡に三重櫓《やぐら》（天守に相当）が、１９９４年に前御門が当時の史料に基づいて復元されています。

＊はげしい押し合いのなかで神社の本殿をめがけて「ぼんでん」を押しこむ「梵天祭り」は、「かまくら」の雪まつりと対照的な「動」の祭りとして知られる。

関東地方の城

茨城県南東部、鬼怒《きぬ》川東岸にある石下《いしげ》町（合併して常総《じょうそう》市）のマンホールにもお城が描かれていました（**写真329**）。自転車に乗って探していて、鬼怒川の石下大橋から振り返ると、白亜のお城を望むことができました。かつてこの地域を支配した豊田氏が築城した「豊田城」を模したもので、現在は「常総市地域交流センター」になっています。

行田《ぎょうだ》市は、埼玉県北部の利根《とね》川と荒川の沖積《ちゅうせき》低地で、江戸時代は松平氏十万石の城下町でした。**写真330**のマンホールに描かれている「忍《おし》城」は関東七名城の一つで、室町時代に成田《なりた》顕泰《あきやす》が築城し、石《いし》

329

330

田《だ》三成《みつなり》の水攻めにも落城しませんでした。もともと沼地に島が点在する地形で、その島に橋を渡す形で城を築いたので、攻めにくく守りやすい城であったとされます。現在の「三階櫓《やぐら》」は、1988年に再建されたもの。このあたりは古代から人が住みついたところで、稲荷《いなり》山古墳ほか多くの古墳が見つかっています。この地の呼び名「さきたま」が県の名前「埼玉」になりました。市の花のキクと市の木のイチョウが城を囲むように描かれています。

博物館の一部として復興された「忍城」の御三階櫓。

千葉県の関宿《せきやど》町（合併して野田市）にもお城の絵柄のマンホールがありました。関宿町は利根川と江戸川の分岐点に位置し、江戸時代は水運の要所として栄えたところです。関宿城は室町時代に簗田《やなだ》満助《みつすけ》または簗田成助《しげすけ》によって築かれたとされ、江戸時代には関宿藩の藩庁が置かれていました（**写真331**）。その後1874年頃に取り壊され、本館（現・関宿城博物館）の天守閣は、記録等に基づいて現在の皇居内にある富士見櫓を参考に再現したものだそうです。

331

神奈川県南西部にある小田原《おだわら》市は北条《ほうじょう》氏の城下町で、その後東海道の宿場町として発展しました。マンホールに描かれているのは、酒匂《さかわ》川の「蓮台《れんだい》渡し」です（**写真332**）。蓮台渡しは、静岡県

豆知識……日本で最古の近代下水道は、1884年につくられた東京の「神田下水」。現在の下水道管は鉄筋コンクリート製やプラスチック製がほとんどだが、当時の下水道管は煉瓦でできている。この神田下水、現在もほぼ昔の形のまま使用されている（→P98）。

332

島田市のマンホールにも登場しました（→P51）。小田原は箱根の麓。箱根越えは東海道の難所で、酒匂川を渡るのも大変でした。江戸時代、酒匂川には橋がなかったので、旅人は渡し場から川越し人足によって川を渡らなければなりませんでした。背景には富士山と箱根山、小田原城も描かれています。

戦国時代から江戸時代にかけて、北条氏の本拠地だった「小田原城」。

「懐古園」には大手門や石垣などが残る。

●甲信越・北陸地方の城

長野県東部の浅間《あさま》山南西麓にある小諸《こもろ》市のマンホールには、小諸城跡「懐古園」の門が描かれています（写真333）。背景で噴煙を上げているのは浅間山です。私が走ったのは台風のあとで、千曲川も濁流でしたし、浅間山も見えませんでした。ちょっと見にくいかもしれませんが、周りに2種類の花が描かれて

333

います。市の木のウメの花と市の花のコモロスミレです。

お城ではないのですが、長野県南部の伊那《いな》盆地、駒ヶ根市の南にある飯島町のマンホールには、飯島陣屋《じんや》と町の花のシャクナゲが色鮮やかなカラーで描かれています（**写真334**）。江戸時代に天領となり、代官所にあたる飯島陣屋が置かれました。また三州街道の宿場町としても栄え、明治時代には伊那県の県庁所在地となりました。私が走ったのは秋で、シャクナゲの花には出合えませんでしたが、絵柄どおりの陣屋を見ることができました。

334

長岡市は新潟県越後《えちご》平野の中央部の都市です。江戸時代に牧野家の居城「長岡城」があり、幕末に河井継之助《かわいつぎのすけ》が家老となり京都新政府軍と戦いを交えたことでも有名です。マンホールには、長岡城を中心に、右下には「火焔《かえん》土器」（火焔土器が初めて出土したのは長岡市の馬高《うまたか》遺跡。街角にこの巨大なレプリカが据えられている）、右上には三尺玉で有名な長岡の花火もあり、長岡の街を代表するものが描かれています（**写真335**）。城は戊辰《ぼしん》戦争の折に焼失しましたが、本丸は現在の長岡駅のあたりで、駅前に二の丸がありました。左下は市の花のツツジです。

335

松代《まつだい》町（十日町市に合併）は、新潟県南部の豪雪地帯にある町で

す。マンホールには松代城と町の花のユキツバキが描かれていました（**写真**336）。十日町《とおかまち》駅から「ほくほく線」で長いトンネルを抜けるとまつだい駅に着きます。駅を出るとまた長いトンネル、そんな山間の駅のさらに後方の山腹に松代城があります。十日町市は日本有数の豪雪地帯としても知られていて、江戸時代に豪雪のなか、藩士たちは登城できたのか心配になるほどです。

336

写真337は福井県大野市の道路の側溝にあった雨水枡《ます》*のマンホールです。カラーで大野城と市の花のコブシが描かれています。越前《えちぜん》大野城は織田信《おだのぶ》長《なが》の家臣の金森長近《かなもりながちか》が築城したもので、二層三階の大天守と二層二階の小天守があります。絵柄にもそれがちゃんと描かれています。左半分には朝市の様子が描かれていますが、朝市は11時までで、私が行ったときには終わっていて残念でした。この後、市街地のくぼ地に湧く名水百選の「御清水《おしょうず》」をいただこうとしたとき、ポケットからデジカメが泉のなかへ。撮影データは何とか回収できましたがカメラはダメになりました。

337

＊雨どいや排水などの雨水専用の枡。雨水や生活排水など、排水は本管に至る前に敷地内で枡に集められる。

東海地方の城

岐阜県南恵那《みなみえな》の東濃《とうのう》盆地にある岩村町（合併して恵那市）には、鎌倉時代に築城された岩村城があります。標高717メートルの城山山上にあり、日本三大山城（ほかに大和高取城、備中松山城）の一つに数えられています。戦国時代、亡くなった夫に代わり城を守ったのが女性だったことで「女城主の城」として知られています。マンホールの下の方には「女城主の里」とあり、旧岩村町の木のヒメコマツと町の花のヤマツツジとともに描かれています（写真338）。明知《あけち》鉄道で訪れ、古い城下町のたたずまいを楽しみながら撮りました。

338

静岡県中部の掛川市のマンホール（写真339）に描かれている掛川城は、関ヶ原の戦いのときに山内一豊《やまのうちかずとよ》が徳川家康に差し出し、その軍功で土佐国9万8千石を与えられたという逸話が有名です。現在の天守閣は1994年に140年ぶりに木造で再建されたもので、私も天守閣まで上ってみましたが、階段の狭くて急だったこと。当時を忠実に再現したのだそうです。〝いざ〟というときに鎧をつけて上るのは大

339

「掛川城」の天守（左）と、城下に時を告げるための大太鼓をおさめていた太鼓櫓（右）。

変だったと思います。城の横に描かれているのは市の花のキキョウです。

愛知県豊橋市にあるマンホールには、吉田城（豊橋城）と手筒花火が描かれています（**写真340**）。戦国時代には三河《みかわ》支配の重要拠点の一つでしたが、現在残っているのは1954年に復元された隅櫓《すみやぐら》（鉄櫓）のみです。豊橋祇園《ぎおん》祭や炎の祭典で見られる手筒花火は、打ち上げ式ではなく吹き上げ式で、オレンジ色の火柱は大きいものだと十数メートルにもなります。その火花をものともせず、しっかりと花火の筒を支え続ける男衆の心意気に拍手が湧きます。

340

愛知県岡崎市のマンホールは、お城シリーズ三部作でした。その1は「岡崎城と矢作《やはぎ》橋」（**写真341**）。岡崎城は徳川家康《とくがわいえやす》が生まれたところです。矢作橋は矢作川に架かる橋で、江戸時代には日本最長の大橋でした。橋上を通るのは東海道（国道一号線）です。何度か架け替えられ、現在は16代目。橋長は300メートルほどになっています。

別名「龍城」ともいう岡崎城。

341

その2は「岡崎城と五万石船《ごまんごく》」です（**写真**342）。お城の南を流れる乙《おと》川を行く米俵を積んだ船の帆には〝五万石〟と書かれています。岡崎城は東海道を固めるために尾張《おわり》名古屋を支える大事な拠点で、禄高《ろくだか》はそれほど大きくないのですが、「五万石でも岡崎さまは、お城下に船が着く」と歌われたほどでした。乙川堤防沿いの藤棚に咲く藤は「五万石藤」と呼ばれ、１９６３年に市指定の天然記念物になっています。フジは岡崎市の花ですが、私が行ったのは５月末、残念ながら花はもう終わっていました。岡崎城シリーズその3は、4章（→P119）で紹介しましょう。

同じく愛知県日進市のマンホールにもお城が描かれていました（**写真**343）。日進市は名古屋市の東にあり、多くの大学や高校が存在する田園学園都市。このお城は「岩崎城」で、古い記録によれば尾張国勝幡《しょばた》城主・織田信秀《おだのぶひで》（織田信長《のぶなが》の父）の出城であったとか。１５８４年の「小牧《こまき》・長久手《ながくて》の戦い」の舞台ともなった城です。戦いの後に落城し、１９８７年に展望塔として五重構造の天守閣（模擬天守）が築城され、「岩崎城址公園」として整備されています。

342

343

豆知識……消火栓用のマンホールの蓋は、まわりを黄色やオレンジ色のラインで囲んでいることが多い。これは、遠くからでも目立つ必要があるからだ。

344

上野市（合併して伊賀市）は、三重県西部の伊賀盆地の中心都市です。旧上野市のマンホールには、巻物をくわえた忍者と伊賀上野城が描かれていました（写真344）。城は戦国時代末期、藤堂高虎《とうどうたかとら》によって築城されましたが、現在の天守台にある三層三階の天守は1935年に復元されたものです。伊賀流忍術発祥の地でもあり「忍《しのび》町」という町名も残っています。伊賀市では忍者のキャラクターの名前を募集して、全国から1149件の応募があり、審査の結果、男の子の名前が「にん太」、女の子の名前が「しのぶ」と決定したそうです。また上野公園には、忍者の道具や資料を展示している伊賀流忍者博物館があります。

忍者のマンホール

ちょっと脱線しますが、忍者つながりで隣の伊賀町（合併して伊賀市）のマンホールを紹介しましょう（写真345）。旧伊賀町には関西本線と草津線が分岐する柘植《つげ》駅があります。県境をはさんで滋賀県の甲《こう》賀《か》町（合併して甲賀市）とともに、伊賀は忍者のふる里です。マンホールには町章と町の花のサツキ、手裏剣を飛ばしている可愛らしい忍者が描かれていました。伊賀は忍術や戦闘に長け、甲賀は薬術など

345

に長けていたといわれています。

写真346は、合併してできた伊賀市のマンホールです。じつは、このマンホールは埼玉県戸田市の下水道工事現場で見つけたものです。工事のあいだの仮置きで使われたのでしょう。三人のかわいい忍者が、それぞれの頭の上に市の木のアカマツ、町の花のササユリ、町の鳥のキジを乗せています。

346

忍者シリーズを続けましょう。

伊賀の隣の甲賀町（合併して甲賀市）のマンホールです（**写真347**）。こちらは滋賀県の南東部にあり、伝統的な近江《おうみ》売薬の地として、また茶園が多いことでも知られています。マンホールに描かれた甲賀の忍者は、手裏剣を飛ばしながらこちらに向かって戦いを仕掛けているようです。伊賀市のコミカルな忍者と比べて、こちらはグッとリアルに描かれていました。周りに描かれているのは町の花のツツジですが、合併後の市の花はササユリです。

347

JR 甲賀駅の駅前に立つ甲賀忍者像。

豆知識……消火栓は、火事がおきたときに活躍するだけでなく、断水後などに水道管内を洗浄するのにも利用されている。消火栓につながっているのは水道管で、水道局の管轄となる。ただし蓋のデザインは、消防局との合意の上で決められるという。

近畿地方の城

お城の話に戻って、大阪府岸和田市のマンホールです（写真348）。岸和田は岸和田藩の城下町を中心に発展してきた泉南地域の中心都市で、豪快で勇壮な「岸和田だんじり祭」でも有名です。マンホールは「岸和田城」と市の花のバラ、市の木のクスノキがあしらわれたデザインになっています。

1614年の大坂冬の陣では、松平信吉《まつだいらのぶよし》が城代をつとめました。現在の天守は1954年に市民の寄付や旧城主の子孫である岡部氏などによって再建されたもので、市立の展示施設として、岸和田城の歴史紹介や所蔵物の展示などをおこなっていて、観光振興の拠点となっています。

中国・四国地方の城

岩国市は山口県の東南、広島県との境にあります。岩国といえば錦川に架かる木造のアーチ橋の錦帯橋《きんたいきょう》が有名ですが、やはり期待どおりのマンホールでした（写真349）。岩国観光のシンボルである錦帯橋と月に照らされた岩国城、かがり火で鮎漁をする鵜飼

348

349

いがデザインされています。風情が感じられる風景です。「岩国城」は慶長13年に、初代岩国藩主の吉川広家《きっかわひろいえ》が、錦《にしき》川に囲まれた天然の要害の地である横山の山頂に築城しました。

香川県北西部にある丸亀市は、丸亀藩の城下町として栄えた高松市に次ぐ第二の都市です。金刀比羅宮《ことひらぐう》への参拝口であり、金毘羅《こんぴら》参りの土産物として団扇《うちわ》の製造が盛んになりました。

見つけたマンホールは、生産量が全国の9割を占める団扇と「丸亀城」の図柄でした（**写真350**）。中央の団扇には天守閣と三段石垣、右側の団扇には金毘羅さんの金、左側の団扇には旧丸亀市章が描かれています。高さ日本一という石垣に鎮座して400年の歴史を刻む丸亀城は、現存する天守のほかに大手一の門、大手二の門が国の重要文化財に指定されています。

350

眼下を流れる錦川を天然の外堀としていた「岩国城」。

高さ日本一という石垣の上に立つ「丸亀城」。

豆知識……大阪には、大坂城を建てた豊臣秀吉がつくった下水溝が、いまも残っている。「太閤下水」ともよばれるこの下水溝は、現在はみぞの上に道路を通すための石の蓋がとりつけられ、一部はいまでも使われている。

九州地方の城

鹿島市は、佐賀県南部の有明海《ありあけ》に面する旧城下町です。鹿島藩2万石の「鹿島城」は、1807年に北鹿島の常広《つねひろ》城から移転したものです。1874年の佐賀戦争（佐賀の乱）の混乱によって焼失しましたが、マンホールには現存していて、佐賀県の重要文化財に指定された赤門、市の花のサクラが描かれていました（**写真351**）。赤門は県立鹿島高等学校の校門として使用され、本丸の南には美しい土塀の白壁に囲まれた茅葺《かやぶ》きの武家屋敷も残されています。

中津市は、大分県北部の福岡県との境にあります。マンホールには、中津城と中津川を行き交う舟の図柄が描かれていました（**写真352**）。豊臣秀吉《とよとみひでよし》の九州平定後、1588年に黒田孝高《くろだよしたか》（如水《じょすい》）が築城を始め、細川忠興《ほそかわただおき》が完成させた城です。本丸を中心に扇形に広がり「扇城」とも呼ばれました。周防灘《すおうなだ》に面した中津川の河口にあ

城下町中津のシンボルとなっている「中津城」。

351

352

り、堀には海水を引き入れているところから水城とも呼ばれ、日本の三大水城（ほかに高松城、今《いま》治《ばり》城）の一つに数えられています。かつてはＮＨＫ大河ドラマにも取り上げられ、福沢諭吉旧宅とともに中津観光の中心になっています。

同じ大分県の南東部にある佐伯《さいき》市のマンホールには「佐伯城（別名鶴谷城）」の三の丸櫓《やぐら》と、合併前の旧市の花のサザンカが描かれていました（**写真353**）。佐伯は文豪・国木田《くにきだ》独歩《どっぽ》が英語と数学の教師として赴任し住んだところで、『源叔父《げんおじ》』『春の鳥』などの舞台となっています。絵柄のなかには「佐伯の春　先づ　城山に来り」の筆文字が書かれています。独歩は櫓門の残る城山の辺りを好んで散策したそうです。

沖縄本島の南部にある玉城村《たまぐすくそん》（合併して南城《なんじょう》市）は、マンホールにもあるように「グスクと水の里」です（**写真354**）。グスクとは「城」を意味し、古琉球時代の遺跡です。13～15世紀頃に築かれ、村には玉城グスクをはじめ多くのグスクが残っています。また、この地は沖縄の稲作発祥の地でもあります。『琉球国由来記《りゅうきゅうこくゆらいき》』によれば、海の彼方から稲穂をくわえた鶴がやってきて、その稲の種子が発芽して実り、稲作の起源となったという伝説があります。絵柄にも稲穂と鶴が描かれていました。

353

354

豆知識……マンホールの蓋は、風でとばされたり、盗難されたり、勝手に開けてなかに入られたりするのを防ぐためにある。最近のマンホールには自動的にしまる鍵がついていて、専用の工具がないと勝手にあけられない構造になっている。

マンホール雑学

最古のマンホールの蓋は？

世界的に見ると、現存する蓋としては、ポンペイ遺跡（イタリア）にある大理石製のものが最古だといわれています。ただし、下水道は、メソポタミア文明やインダス文明の頃から堀を作るかたちでひかれていたので、さらに古い時代から下水道用の蓋が使われていたと考えられます。

最古ではありませんが、映画『ローマの休日』にも登場していた「真実の口」は、もともとは下水溝のマンホールの蓋だったといわれています。

日本では、1881（明治14）年に、横浜の外国人居留地に整備された日本初の下水道で、木製の蓋が使われたという記録があります。しかし、文献などに記されているものでは、1884（明治17）年、東京の神田《かんだ》下水で鋳鉄製格子型の蓋が使用されたのが最古といわれています。

現在のような丸い形が使われるようになったのは、明治末期から大正時代にかけてで、西欧（おもにイギリス）のマンホールを参考にして製造されたと考えられています。

イタリアのローマにある「真実の口」。海神トリトーネの顔が刻まれている。

4 いつでも見られる日本の祭りや郷土芸能

北海道・東北地方の祭り

日本の伝統を伝えるものの一つに祭りがあります。私も見に行きたいのですが、祭りの時期は宿が取れず、ツアーの旅行代金も跳ね上がります。今回はマンホールの写真でリーズナブルかつ気軽に祭りをお楽しみください。北海道と西日本が少し手薄な点が申し訳ないところです。

北海道

まず北海道では、富良野《ふらの》市の3種類あるマンホールの一つに、北海道の地図の上で陽気に踊るオジサンが描かれています（**写真401**）。頭の部分には「北海へそ祭り」と書いてあります。毎年7月28、29日におこなわれる祭りで、「図腹踊《ずはら》り」という踊りが老若交えて繰り広げられます。〝図腹〟とは、お腹を顔に見立てて絵を描き、顔を大きな笠で隠して踊ることから、そう呼ばれています。富良野が北海道のどまんなか、つまり〝へそ〟に当たることから1969年

401

富良野駅近辺で撮影した「へそ丸像」。

に始まりました。

写真402は、旭川市の東にある東川町のマンホールです。稲穂とともに描かれているのは、カメラとネガフィルムです。東川町は写真による町おこしを宣言した「写真の町」で、毎年、夏に全国の高校生が集い、東川町をテーマに写真を撮影し競い合う「写真甲子園」が開催されます。雄大な大雪山などの自然や、そこに暮らす人々の姿や営みをモチーフに、高校生たちのカメラが向けられます。

青森県

写真403は五所川原《ごしょがわら》市のマンホールです。1章で青森市の「ねぶた祭」を紹介しましたが（→P 11）、五所川原には「立佞武多《たちねぶた》」があります。そして、もう一つ有名な祭りが、「虫と火まつり」です。奥津軽に古くから伝わる五穀豊穣を祈願する祭りで、虫おくり運行と火まつりがおこなわれます。マンホールに描かれているような大きな木彫りの龍型の頭に、稲わらで編んだ胴体をつけた「虫」が町中を練り歩き、その後、河川敷で火がつけられ虫が昇天する「火まつり」でフィナーレを迎えます。龍の頭と胴体は、大きなもので10

402

403

メートルにもなるそうです。

津軽《つがる》地方の常盤《ときわ》村（合併して藤崎町）のマンホールには、旧常盤村水木地区に伝わる獅子踊りが描かれていました（**写真404**）。雨に濡れたせいで肝心の顔の部分が見えないのが残念ですが、獅子頭を付けた3人の踊り手に可笑子《おかしこ》という道化役が加わって踊ります。水木獅子踊りは、1962年に青森県無形民俗文化財に指定されています。

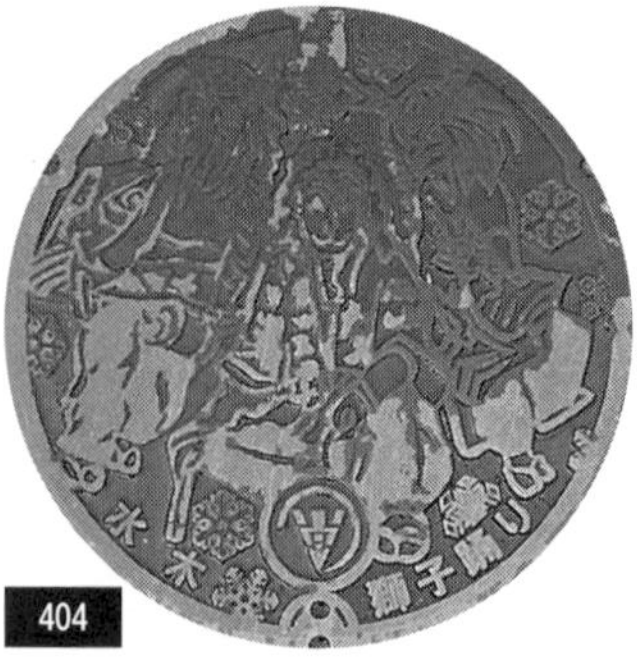
404

写真405は県南部、岩手県に近い南部町のマンホールです。中央には「南部えんぶり」を踊る人々、周りは町の花のボタンが描かれています。「えんぶり」は、小正月におこなわれていた豊作祈願の伝統行事で、田植え作業を唄と踊りで表現しています。この踊りを、農具の「朳《えぶり》」にちなみ、「えんぶり」と呼ぶようになったとか。1979年に国の重要無形民俗文化財に指定されています。

405

岩手県

岩手県を代表する祭りは「さんさ踊り」ですが、盛岡市ではこのデザインのマンホールを見つけられませんでした。一方、花巻地方に伝わる「鹿踊り」は、花巻市のマンホールに描かれていました（**写真406**）。9月におこなわれる花巻まつりには、県内各地の鹿踊りが集結して、勇壮な舞いが

406

407

披露されます。鹿踊りは、村の平安を祈願し、悪霊を追い払う行事が舞踊化したものといわれ、太鼓踊り系と幕踊り系に分類されます。花巻は太鼓踊り系で、歌いつつ太鼓を打ち鳴らして踊るのが特徴です。

2章で紹介した滝沢村（合併して滝沢市）には、「チャグチャグ馬コ」のマンホールがありましたが（↓P 59）、釜石《かまいし》市のマンホールには、強そうな虎と笹が描かれています（**写真407**）。伝統芸能「虎舞《とらまい》」の虎です。市の中心街近くの「のんべえ横丁」そばの通りに「虎舞の像」がありましたが、東日本大震災の津波で、飲み屋の長屋とともに流されてしまったようで、跡形もありませんでした。虎舞の衣装も流失したそうですが、各地からの支援で祭りは復活したそうです。

宮澤賢治童話村の柵に描かれた「鹿踊り」。

のんべえ横丁そばにあった「虎舞の像」。

豆知識……大雨で大量の雨水が下水道に流れこんだとき、下水道内の圧力が高まり、マンホールが吹き飛ぶことがある。最近では圧力をにがすように改良された蓋が採用されているものもある。

408

宮城県

宮城県の祭りといえば、なんといっても仙台の七夕です。三度目に仙台市を訪れた際に、駅東口で消火栓のマンホールに七夕が描かれているのを見つけました（**写真**408）。色がついていなかったのが残念です。

石巻《いしのまき》市街の東を流れる旧北上《きゅうきたかみ》川では、「石巻《いしのまき》川開き祭り」がおこなわれます。マンホールには、旧北上川河口に架かる「日和《ひより》大橋」と、祭りで打ち上げられる花火大会の様子が描かれています（**写真**409）。橋の下に泳いでいるのは遡上するオスとメスの鮭の姿です。

409

410

一迫《いちはさま》町（合併して栗原市）は、県北部栗原郡南西部の商業の中心です。マンホールに描かれているのは、角をはやした鹿の面と旧一迫町の花のアヤメでした（**写真**410）。「早川流《はやかわりゅう》八《や》ツ《っ》鹿踊《しかおど》り」と呼ばれる祖霊供養と魔除けの意味をこめた郷土芸能で、１９７１年に宮城県の無形民俗文化財に指定されています。

秋田県

1章で秋田市の「竿燈《かんとう》」の描かれたマンホールを紹介しましたが（↓P12）、秋田県にはほかにも祭りを描いたマンホールがたくさんあります。能代《のしろ》市にあるのは「ねぶながし」に登場する城郭型の大型灯籠《とうろう》とシャチ（鯱）です（**写真411**）。この祭りは、その昔、坂上《さかのうえの》田村《たむら》麻《ま》呂《ろ》が蝦夷《えぞ》との戦いで灯籠を使って威嚇したのが始まりだといわれています。七夕祭りには山車《だし》の上にそびえるお城とシャチホコが夜空に明々と浮かび、勇壮な太鼓に合わせて街を練り歩きます。祭りのフィナーレには、シャチの部分に火をつけて米代《よねしろ》川に流します。

能代駅前にあるシャチの大きな立体作品。

411

写真412と**写真413**はどちらも湯沢市三大祭りのデザインで、**写真412**に描かれているのが「犬っこまつり」です。かつて湯沢の殿様が盗賊退治をして、二度と現れないようにと、旧正月に米の粉でつくった「犬っこ」を供えさせたのが始まりです。**写真413**には、上に「七夕絵どうろう

412

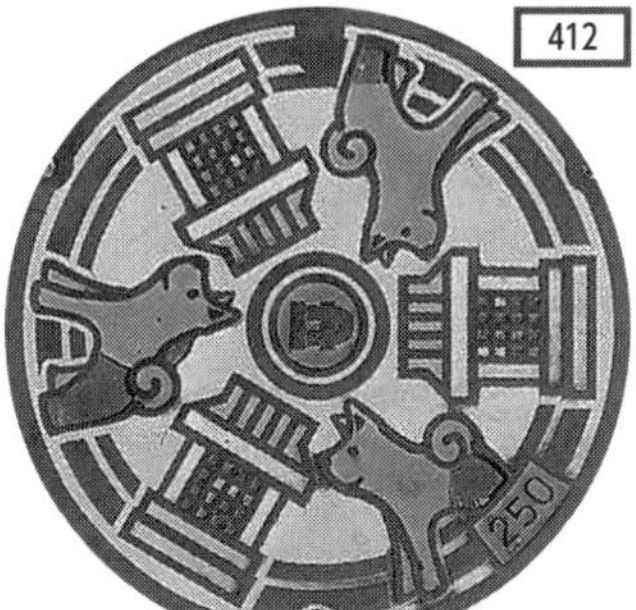

413

414

まつり」、左下に愛宕《あたご》神社の「大名行列」が取り上げられています。どちらも佐竹南《さたけなん》家の城下町だった頃にちなんだお祭りです。

男鹿《おが》市の水道止水弁に描かれているのは「なまはげ」です（写真414）。「ゴンボほる悪い子はいねがぁー」と、なまはげが家に入ってくると、泣き出した子どもが親の後ろに隠れます。〝ゴンボほる〟とは、ダダをこねて泣きわめくことです。

男鹿駅前に立つ「なまはげ像」。

御神酒《おみき》を振舞ってお引き取り願うのですが、お酒がまわるとだんだん調子が出て怖さが増していくとか。毎年2月に「なまはげ柴灯《せど》まつり」があります。

大曲《おおまがり》市（合併して大仙市）のマンホールには、丸子川と大平山の風景に花火が描かれています（写真415）。1910年から始まった「大曲全国花火競技大会」です。奥羽《おうう》の山々を背景に雄物《おもの》川の河川敷でおこなわれる、技術と伝統をほこる花火の競演です。例年8月第4土曜日に開催され、全国から選抜された一流の花火師たちが参加し、その秘技を競い合います。

角館《かくのだて》町（合併して仙北市）には、角館の祭りの曳山《ひきやま》とモミジが描か

415

れたマンホールがあります（**写真416**）。曳山の上には勇ましい武者姿が再現されています。角館は「みちのくの小京都」とも呼ばれ、町並みは武家屋敷の黒塀と枝垂《しだ》れザクラの対比が美しく、サクラのシーズンには大勢の観光客であふれます。

写真417は県南部の羽後《うご》町のマンホールです。「西馬音内《にしもない》盆踊り」の踊り子のまわりに町の木のウメの花が描かれています。この踊りは「ひこさ頭巾」という黒い頭巾で顔を覆って踊る、妖しい雰囲気の踊りです。90歳を超える私の母が子どもの頃に見て、「とても怖かった」という想い出があるそうです。ちなみに「阿波《あわ》踊り」「郡上《ぐじょう》おどり」とともに、日本三大盆踊りの一つといわれています。

416

417

山形県

尾花沢《おばなざわ》市のマンホールには豪雪地を表す雪の結晶と、中央に「花笠まつり」の花笠、周りに名産のスイカが描かれています（**写真418**）。花笠まつりは山形県内の各地でおこなわれていますが、尾花沢は花笠踊り発祥の地といわれています。菅笠《すげがさ》に赤い花飾りをつけた花笠を手にし、

418

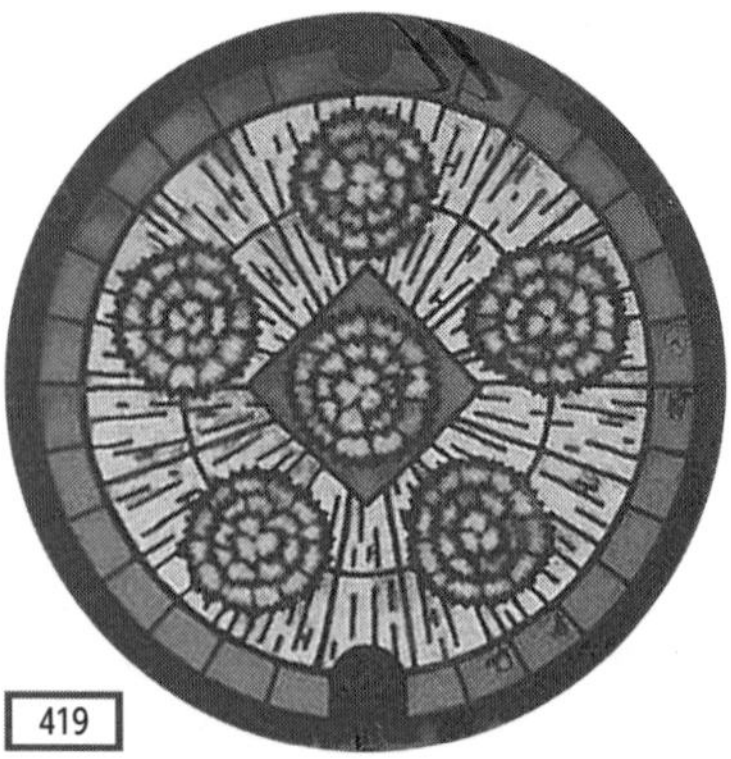

419

420

「花笠音頭」に合わせて街を踊り練り歩きます。「東北三大祭り」は一般的に「仙台七夕祭り」「青森ねぶた祭」「秋田竿燈《かんとう》まつり」ですが、「五大祭り」というと、「山形花笠まつり」と「盛岡さんさ踊り」が加わります。**写真419**は市街地のはずれで1枚だけ見つけたもので、初めは何だかわからなかったのですが、妻に「花笠でしょ」といわれてようやく気がつきました。

花笠を手に踊り歩く「花笠祭り」。

大江町は山形県中部、寒河江《さがえ》市の西隣にある町です。左沢《あてらざわ》線に乗りこむ前に見た山形駅の観光案内所で見つけた大江町の街歩きパンフレットに、大江町のカラーマンホールが紹介されていました。「最上川舟唄の里」の文字と祭りの花火、最上川と旧最上橋が描かれています。「灯ろう流し花火大会」は県内で最も古くから開催されている花火大会だそうです。カラーのマンホールは最後に立ち寄った町役場の玄関でようやく発見できました（**写真420**）。

ユーモラスな案山子《かかし》が描かれているのは上山《かみのやま》市のマンホールで

す（写真421）。上山の秋の風物詩は「かみのやま温泉全国かかし祭」。市民公園を会場に、アニメのキャラクターや芸能人をモチーフにしたものなど500体を超える案山子が展示され、上山市を代表する秋まつりになっています。また温泉街としても有名で、市内には何か所も共同浴場があり、気軽に温泉を楽しむことができます。

421

かかしが主役の「かみのやま温泉全国かかし祭」。
提供：山形県広報室

●福島県

1章で福島市のマンホールに「信夫《しのぶ》三山《さんざん》暁《あかつき》まいり」が描かれているのを紹介しました（→P14）。**写真422**は同じ福島県の会津《あいづ》坂下《ばんげ》町のマンホールです。下水道展の際に同町のブースに展示されていたもので、描かれているのは「ばんげ初市大俵引き」です。1月の極寒の雪のなか、下帯一本の男衆が長さ4メートル、高さ2.5メートル、重さ5トンの大俵を引き合います。上町（東方）が勝つと米の値が上がり、下町（西方）が勝つと豊作になるといわれています。

422

関東地方の祭り

茨城県

茨城県石岡市のマンホールに描かれているのは「常陸國總社宮《ひたちのくにそうじゃぐう》例大祭」の「幌獅子《ほろじし》」です（**写真423**）。この大祭は天下泰平、国家安穏、五穀豊穣などを願う格式の高い祭りで、「関東三大祭り」（ほかは千葉県香取《かとり》市の「佐原《さわら》の大祭」と埼玉県川越《かわごえ》市の「川越祭」）の一つです。菊花紋を許された格式ある神輿《みこし》をはじめ、絢爛豪華な山車《だし》や勇壮な幌獅子などが市内を巡行します。幌獅子は車輪つきの車体の上に小屋をつくって布の幌（胴幕）をかけ、その先端に獅子頭をつけたもので、持ち手はこれを一人でかぶり持ち、お囃子に合わせて踊りながら練り歩きます。小屋をつけた幌獅子は全国でも珍しいもので、「石岡のおまつり」に特有のものです。

古河《こが》市のマンホールに描かれている花火大会（**写真424**）は、古河の夏の風物詩です。渡良瀬《わたらせ》川と利根《とね》川の合流する三国《みくに》橋周辺の河川敷から、打ち上げ総数、花火の大きさともに、関東最大級となる約2万5000発が打ち上がります。

423

424

●群馬県

栃木県では〝お祭りマンホール〟は見つかりませんでしたので、次は群馬県にいきます。

高崎市のマンホールには「高崎まつり」の山車《だし》と花火が描かれています（**写真425**）。2003年から「高崎山車まつり」として独立し、輪番制で毎年約半数の山車が、笛や太鼓のお囃子で市街を練り歩きます。山車の保有台数は38台で日本一です。

425

●埼玉県

上尾《あげお》市のマンホールには動物たちが力を合わせ、綱を引いている絵が描かれています（**写真426**）。これは「中山道あげお大綱引き祭り」をモチーフにしたものです。ネズミ、ウシ、トラ、ウサギなど十二支のうち7種の動物たちが登場しています。珍しいデザインですが、残念ながらこの祭りは、1991年をもって中止になってしまいました。代わって1993年から上平地区が祭りの理念を引き継ぎ、毎年「新春綱引き大会」がおこなわれています。

426

皆野町《みなの》は四方を山々に囲まれた秩父《ちちぶ》盆地の一角に位置し、荒川の清流が流れる、長瀞《ながとろ》町の隣にある町です。ここは「秩父音頭」発祥の地といわれ、毎年8月14日の「秩父音頭まつり」では秩父音頭流し踊りコンクールがおこなわれ、県内から多くのグループが参加します。マンホールにも、提灯のともる町をそれぞれの衣装で流していく様子が描かれています（**写真427**）。

千葉県

千葉県では祭りのマンホールは見つかりませんでしたが、「凧」の描かれたマンホールが長南《ちょうなん》町にありました（**写真428**）。長南町は千葉県のほぼ中央にある農業の町です。町の花のベニバナと、稲穂と町章をあしらった袖凧《そでだこ》が描かれています。〝長南トンビ〟と呼ばれる「長南袖凧」は、職人の印半纏《しるしばんてん》を見て考案されたとも伝えられ、ほかでは見られない形をしています。ベニバナといえば、1章で山形市のものを紹介しましたが（↓P 13）、関東でも栽培され、埼玉県の桶川市のマンホールにも描かれていました。

428

427

東京都

東京都西部にある福生《ふっさ》市は、「福が生まれる」という縁起の良い名前です。米軍の横田飛行場がある基地の街でもありますが、「福生七夕まつり」は、関東では神奈川県平塚市の「湘南ひらつか七夕まつり」、東京都杉並区の「阿佐ヶ谷七夕まつり」と並ぶ関東三大七夕まつりの一つです。最近訪れたところ、駅前に七夕の絵柄のマンホールが「ふっさし」の名前で置かれていました（**写真429**）。

429

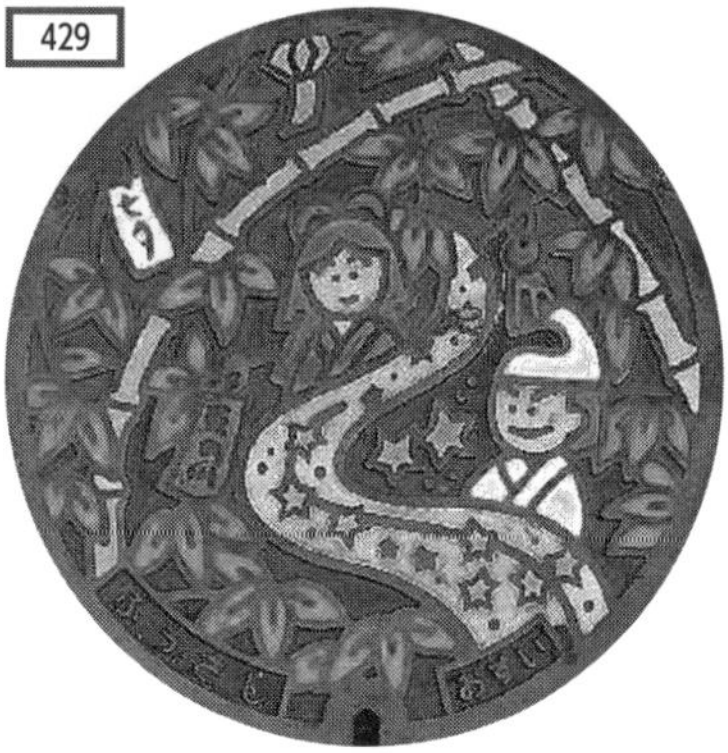

神奈川県

神奈川県のほぼ中央海沿いに位置し、東海道の宿場町であった平塚市では、「湘南ひらつか七夕まつり」が描かれたマンホールを見つけました（**写真430**）。平塚の七夕まつりは、戦後商業振興策として始められたもので、日本一といわれる七夕飾りの豪華さに特色があります。なかには10メートルを超える大型飾りもあり、スポーツ選手や人気の動物、キャラクターなどの流行を取り入れた飾りも大きな特徴です。カラーのマンホールはひらつかアリーナの前で発見しました。

430

甲信越・北陸地方の祭り

●山梨県

山梨県の市川大門町（合併して市川《いちかわ》三郷《みさと》町）のマンホールには、障子戸の向こうに打ち上がる花火が描かれています（**写真431**）。市川大門町は笛吹《ふえふき》川と釜無《かまなし》川が合流し富士川となる地域にある町で、花火の生産地でもあります。笛吹川にある三郡《さんぐん》橋の下流では、毎年8月7日に「神明《しんめい》の花火大会」がおこなわれ、山梨県最大の花火大会として2万発以上の花火が打ち上げられます。障子戸が描かれていますが、ここは古くから和紙の生産地でもあったそうです。

431

●長野県

山と湖のある「東洋のスイス」とも呼ばれる諏訪《すわ》市で見つけた勇壮な「御柱祭《おんばしらさい》」を描いたカラーのマンホール（**写真432**）は、諏訪湖流域下水道の豊田《とよだ》終末処理場の前にありました。諏訪大社では七年に一度の寅《とら》と申《さる》の年に宝殿を造営し、社殿の四隅にあるモミの大木を建て替える祭りをおこな

432

います。山から切り出した巨木を、人力で急な坂を落とすときには、上に乗った人が振り落とされて大怪我をすることもあります。この処理場では諏訪湖周辺の市町村の下水を処理していて、門の下には各市町村のカラーのマンホールも並んでいました。

長野県諏訪地方でおこなわれる、諏訪大社の最大行事「御柱祭」。

写真433は上田駅から上田電鉄別所線に乗り、終点の別所温泉駅（長野県上田市）にあるマンホールです。「岳《たけ》の幟《のぼり》」と「ささら踊り」が描かれています。「岳の幟」は別所温泉の地で500年以上続く雨乞いの祭りで、青竹に色とりどりの反物をくくりつけた幟の行列が練り歩きます。花笠をつけた小学生の女の子が笛や太鼓に合わせて踊る「ささら踊り」や三頭獅子舞が奉納されます。国の無形民俗文化財に選択された珍しい祭りです。

433

豆知識……蓋にAR（拡張現実）という技術が組みこまれているマンホールがある。スマートフォンなどの対応するアプリでコードを読みとると、画面に付近のお店の紹介映像や市の観光情報などがうつしだされる。

新潟県

新潟県の中之島町（合併して長岡市）のマンホールには、大きな凧が描かれています（**写真434**）。中之島町は新潟県長岡市の北、信濃《しなの》川と刈谷田《かりやた》川にはさまれた町です。川のあいだにあるので〝中之島〟の名前になりました。毎年6月におこなわれる「中之島・今町大凧合戦」では、見附《みつけ》市今町と刈谷田川をはさんだ中之島地区で畳8枚分もの大きな凧が揚がります。昔、水田を守る堤防をつくった際、その地固めをするために大勢の人が集まり凧上げをしたことが始まりだそうです。マンホールの周りには「レンコン」がデザインされていますが、レンコンが特産品で町の花もハスです。対岸にある見附市のマンホールにも凧が描かれています（↓P129）。

富山県

北陸地方に入ります。

富山県の中部にある庄川をはさんで、高岡市と向かい合う大門町（合併して射水《いみず》市）で見つけたマンホールには、「越中《えっちゅう》だいもん凧まつり」のだるま凧が描かれていました（**写真435**）。1979年の

434

435

「国際児童年」を記念して、子どもの健やかな成長を願い、町の主催でおこなわれたのが始まりです。毎年5月には、日本国内はもとより外国からも、多種多様の凧が参加するそうです。庄川の河川敷で陽の光を浴びながら、色鮮やかな凧の群れが舞い上がります。

東海地方の祭り

静岡県

伊東市は伊豆《いず》半島東岸、相模灘《さがみなだ》に面する観光・保養・温泉都市です。マンホールに描かれているのは「たらい祭り」とも呼ばれる「松川タライ乗り競走」です（写真436）。これは直径1メートル、深さ30センチメートルほどの大きなたらいに乗り、しゃもじのような櫂で漕ぎながら、伊東温泉の中央を流れる松川の「いでゆ橋～藤の広場横」間の約400メートルを下るユニークなレースです。選手のなかには外国人観光客や様々な仮装をして参加する人もいて、見て良し参加して良しという楽しめるイベントです。

436

島田市のマンホールに描かれているのは「島田大祭（帯まつり）」です（**写真437**）。三年に一度（寅《とら》、巳《へび》、申《さる》、亥年《いのしし》）の10月におこなわれる、安産祈願をこめた大井神社の祭りです。チョンマゲのかつらをかぶった25人の〝大奴《おおやっこ》〟が、２本の帯を下げながら街を練り歩きます。衣裳の重さは20キログラムもあり、歩くだけでも一苦労です。烏帽子《えぼし》をかぶって踊っているのは「鹿島踊り」です。その昔、島田に嫁いできた花嫁が、晴れ着姿で大井神社へお参りし、その姿で町を歩きお披露目したのが祭りの起源だといわれています。

437

大井神社にある「島田大祭（帯まつり）」の主役、大奴のブロンズ像。

浜松市は〝平成の大合併〟で周辺市町村と合併し「政令指定都市」になりました。浜松市のマンホールに描かれているのは〝大凧〟（**写真438**）です。「河川」と書かれているので下水のマンホールではなさそうです。「都市下水」と書かれた同じ絵柄のものもありました。５月の連休中におこなわれる「浜松まつり」は凧祭りとも呼ばれ、遠州灘海浜公園を会場に「凧揚げ合戦」がおこなわれます。太さ5ミリの凧糸で相手の凧の糸をこすって焼き切るという、荒っぽい凧揚げです。

438

こすりあう凧から煙も見えるとか。凧印は各町によって異なり、町の頭文字や伝説などに由来する絵柄があります。

岐阜県

岐阜県中津川市のマンホールには、「おいでん祭《さい》」で踊る「風流《ふりゅう》おどり」と市の花のサラサドウダンが描かれていました（**写真439**）。この踊りは旧苗木藩の土蔵から発見された1枚の絵を基に、安土桃山時代の踊りを再現したものです。旗を背負いながら太鼓をたたいて踊る姿は迫力満点です。

愛知県

岡崎市のマンホールは、3章の90・91ページでお城の描かれているものを紹介しましたが、こちらには「岡崎城とサクラと花火」が描かれています（**写真440**）。岡崎市は江戸時代から続く三河花火の本場で、お城のある岡崎公園は「日本のさくら名所百選」にも選ばれているサクラの名所です。夜ザクラの美しさは東海随一といわれ、サクラまつりでは「家康行列」が市内を練り歩きます。8月の第一土曜日に

439

440

は、夏祭りの一環として「五万石《ごまんごく》おどり」とともに乙《おと》川、矢作《やはぎ》川の河畔で花火大会が開催されます。

441

442

愛知県の安城《あんじょう》市のマンホールには、「安城七夕まつり」が描かれていました（**写真441**）。この祭りは、企画や開発などすべてが周辺商店街の人々による「市民発信のまつり」として1954年にスタートしました。竹飾りが立ち並ぶ道の長さを誇り、現在は仙台、平塚と並んで「日本三大七夕祭り」の一つと称されています（同じ愛知県一宮《いちのみや》市の「おりもの感謝祭一宮七夕まつり」を三大七夕祭りに数える場合もあります）。

津島市は愛知県西部に位置し、津島神社の門前町です。マンホールには右側に市の花のフジ、左側に「まきわら船」が描かれています（**写真442**）。船上の屋台には365個の提灯、中央の真柱にも12個の提灯をかかげ、津島笛を奏でながらゆっくりと進みます。この「尾張《おわり》津島天王祭」は日本三大川祭りの一つで（ほかに宮島の「管弦祭」と大阪の「天神祭」）、国の重要無形民俗文化財にも指定されています。

提灯に火が灯された「まきわら船」。　提供：愛知県観光協会

大提灯は、大きいもので長さ約10mにもなる。

提供：愛知県観光協会

443

名古屋市の北西にある稲沢《いなざわ》市で見つけたデザインマンホールに描かれているのは、喧嘩をしているような形相の男性です（**写真443**）。稲沢市にはかつて尾張の国府が置かれ、「国府宮《こうのみや》神社」と呼ばれる尾張大國霊神社があります。ここでおこなわれる旧暦1月13日の祭礼が「国府宮はだか祭」です。「神男《しんおとこ》」に触れて〝厄〟を落とそうと、参道では数千人の締め込み姿の男衆が凄まじいもみ合いになります。私が訪れた4月下旬には、同じ参道でのどかに植木まつりがおこなわれていました。

三河湾に面した愛知県の一色《いっしき》町（西尾市に編入）には、町の花のカーネーションと町の木のクロマツ、大提灯を描いたマンホールがありました（**写真444**）。諏訪神社の「三河一色大提灯《みかわいっしきおおちょうちん》まつり」は、海の平穏と豊漁を願う祭りです。海の魔物を鎮める篝火《かがりび》が起源といわれ、全長6～10メートルもの大提灯が掲げられます。明かりがともると、境内《けいだい》は淡いオレンジ色に包まれます。

444

近畿・中国地方の祭り

滋賀県

豊郷町《とよさと》は滋賀県中東部にあり、かつての近江《おうみ》商人の出身地の一地区として有名です。マンホール中央にある町章の周りで踊っているのが「江州《ごうしゅう》音頭の扇踊り」です（**写真445**）。周りを町の花のツツジが取り囲み、その外側には祭りの提灯が描かれています。400年以上前に始められた江州音頭は、扇子や日傘を手に踊るようになり、華やかさを増して現在に伝わっています。

兵庫県

かつて市町村名の「50音順」で最初に出てくるのは秋穂町《あいお》（山口県）でしたが、2005年10月に山口市に合併してしまいました。代わって一番目になったのは兵庫県南西部にある相生市《あいおい》です。マンホールには、ペーロン競漕で、力強く櫂を漕ぐ人が描かれています（**写真446**）。毎年5月の最終土・日曜日に「ペーロン

445

446

祭」がおこなわれます。この祭りは江戸時代初期、中国から長崎に伝わったペーロン競漕が、相生町の造船所にいた長崎県出身者によって紹介されたのがルーツだといわれています。上に描かれているのは市の花のコスモス、下に咲いているのは市の木のツバキの花です。

●岡山県

1章で、鳥取県鳥取市の「鳥取しゃんしゃん祭」（→P32）と山口県山口市の「山口七夕ちょうちんまつり」（→P36）を紹介しました。ここでは、岡山県の祭りを紹介します。

「だんじり」といえば岸和田など大阪が有名ですが、「岡山三大だんじり祭り」と呼ばれる勇壮で荒々しい祭りもあります。岡山県北部の勝山《かつやま》盆地にある久世《くせ》町（合併して真庭市）の「久世祭り」は、その一つです（ほかに津山市の津山まつり、倉敷市の鴻《こう》八幡宮《はちまんぐう》例大祭）。昼は久世神社をはじめ5つの神社の神輿に従って神妙に町を練り歩きますが、夜になると「だんじり喧嘩」が始まり、10台のだんじりが激しくぶつかり合います。マンホールに描かれた若衆も、やる気十分という雰囲気です（**写真447**）。

447

相生市の夏の伝統行事「ペーロン祭」。

四国・九州地方の祭り

愛媛県

愛媛県北東部にあり瀬戸内海の燧灘《ひうちなだ》に面した新居浜《にいはま》市は、かつて日本三大銅山の一つだった別子《べっし》銅山のあるところです。新居浜市のマンホールには、「新居浜太鼓祭り」の太鼓台の飾り幕の房と龍が描かれています（**写真448**）。祭りの起源は古く平安時代にまで遡るともいわれ、金糸銀糸に彩られた絢爛豪華な太鼓台と呼ばれる山車《だし》が特徴です。鉱山の発展とともに太鼓台も大きくなり、50台以上の太鼓台が市内を練り歩き、街は太鼓の音に包まれます。中央にあるのは、新居浜市の市章です（→P125豆知識）。

448

「新居浜太鼓祭り」では豪華絢爛な太鼓台とよばれる山車が練り歩く。

鹿児島県

北西部の川内《せんだい》市（合併して薩摩《さつま》川内市）のマンホールには、「川内大綱引」が描かれていました（**写真449**）。一説には関が原の合戦の際、第十七代島津義弘《しまづよしひろ》が兵士の士気を高めるために始めたといわれます。使われる綱は、全長365メートル、重さ6トンにもなり、名実ともに「日本一の大綱」です。大綱の中央付近で「引き隊」と、邪魔をする「押し隊」が激しくぶつかりあう姿は迫力満点で、「喧嘩綱」とも呼ばれています。

449

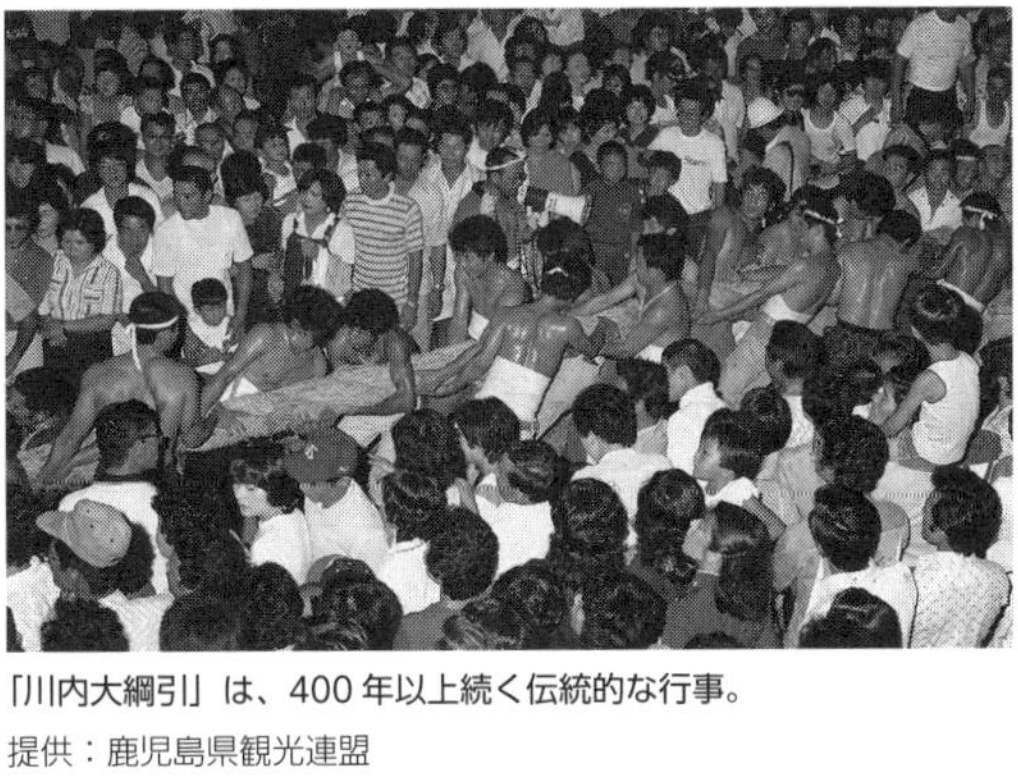

「川内大綱引」は、400年以上続く伝統的な行事。

提供：鹿児島県観光連盟

豆知識……マンホールの中央には、市町村章が描かれていることが多い。市町村章には、その土地や地域に関する産業・歴史・文化、自然に関する地理などが象徴されていることもあり、たくさんの情報を読み取ることができる。

郷土の伝統芸能

車人形

祭りではありませんが、郷土の伝統的な芸能として伝わるものもマンホールに描かれています。

東京都八王子市のマンホールに描かれているのは「車人形」で、演目は「三番叟《さんばそう》」です（写真450）。車人形は、江戸時代の終わり頃に考案された一人使いの人形芝居で、人形遣いが車輪のついた箱車に腰かけて人形を操ることからこのようによばれています。明治から大正時代にかけて、東京の市中でも盛んに上演されましたが、映画の登場とともに衰退しました。多摩地方の郷土芸能としてひっそりと受け継がれ、最近八王子市を中心に、また復活したようです。カラーマンホールは、２０１５年現在、東京で唯一の「道の駅」である「八王子滝山」の駐車場で見つけました。

450

東京の八王子市で伝承されている「車人形」。

提供：八王子車人形西川古柳座

ドジョウすくい

写真451は、島根県安来《やすぎ》市のマンホールです。県の東端にあり、中海に面した安来市は、民謡「安

451

来節」の発祥地です。安来節といえば、付き物としてともに踊るのが、伝統的な「どじょうすくい」。マンホールの絵柄にもどじょうすくいが描かれているのを発見して、うれしくなってしまいました。踊りの滑稽さがよく伝わってきます。この〝どじょうすくいのマンホール〟は色つきのものだけでした。なお安来市は全国屈指のドジョウ養殖地で、市の魚もドジョウです。

「安来節」の看板。

●能・歌舞伎《かぶき》

秋田県中部にあり秋田市に隣接する協和町（合併して大仙市）のマンホールには「能舞台」が描かれています（**写真452**）。これは「まほろば唐松能楽殿《からまつのうがくでん》」といい、県内で唯一の本格的な能舞台です。京都・西本願寺の能舞台を模して造られ、毎年定期的に能公演がおこなわれています。マンホールの上側に描かれているのは町の木のオンコ（イチイ）、下は町の花のリンドウです。

452

453

奈義町は、岡山県北東部の津山盆地北東縁にある農業の町です。自転車で奈義町に入って畑のなかで見つけたのが「横仙《よこぜん》歌舞伎《かぶき》の里」という立て看板です。「こんなところで歌舞伎が?」と思っていたら、マンホールにも「歌舞伎」が描かれていました（**写真453**）。中央は、隈取りをした顔で、周りに描かれているのは、町の木のイチョウと町の花のウメです。奈義町では江戸時代から農村歌舞伎が続いていて、現在も毎年公演がおこなわれています。

●角兵衛獅子《かくべえじし》

月潟村は、新潟県西蒲原《にしかんばら》郡東部にある農村です（新潟市に合併）。この村を走ったのは6月。村のあちこちでお祭りの準備をしていて、村役場に行くと〝角兵衛獅子《かくべえじし》祭〟の垂れ幕がかかっていました。役場前には角兵衛獅子の像があり、役場のトイレを借りになかに入ると、玄関に飾ってあるカラーマンホールにも角兵衛獅子が描かれていました（**写真454**）。路上ではマンホールが見つからなかったのが残念です。月潟村は、「類産《るいさん》ナシ」の栽培でも知られ、その原木も描かれています。角兵衛獅子は月潟が〝本場〟だと聞いています

454

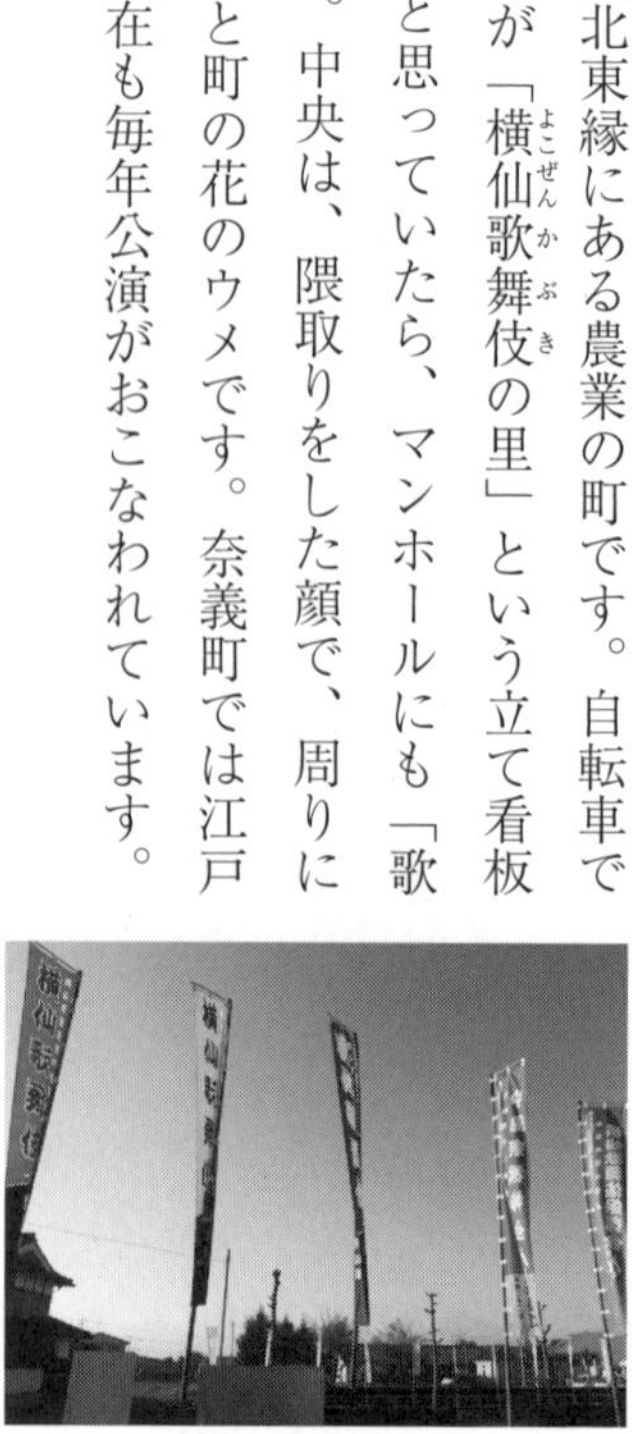

奈義町に伝わる「横仙歌舞伎」の幟。

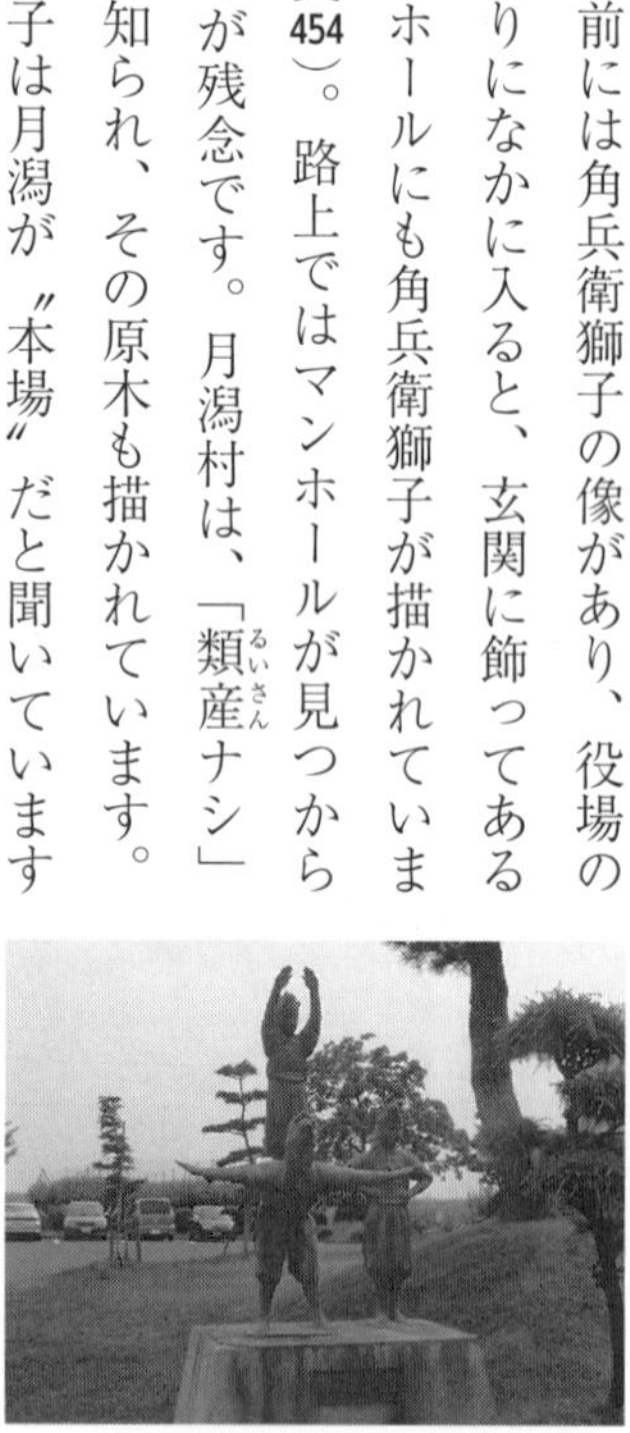

月潟村の役場前にあった角兵衛獅子の像。

が、新潟県中央部の信濃《しなの》川支流の刈谷田《かりやた》川下流にある見附《みつけ》市のマンホールにも角兵衛獅子が描かれています（**写真455**）。ところで見附市といえば、刈谷田川をはさんで中之島町（合併して長岡市）とのあいだでおこなわれる「大凧合戦」で有名です。中之島町の「凧」のマンホールは先ほど紹介しましたが（→P116）、このマンホールにも大凧が描かれています。刈谷田川をはさんで両岸からからめあう大凧合戦は「越後《えちご》今町男の盛り、凧の戦は意気でやる」と民謡でもうたわれています。マンホールの下のほうに描かれているウメは、見附市の木に指定されています。

455

● 太鼓

石川県能登《のと》半島にある輪島《わじま》市では、3種類のマンホールを見つけました。そのうちの一つに描かれているのは、「御《ご》陣乗《じんじょう》太鼓」です（**写真456**）。御陣乗太鼓は輪島に伝わる伝統芸能で、鬼の面を付けた打ち手が激しく動き回りながら太鼓を乱れ打ちします。迫力ある太鼓の音は、おなかの底まで響きます。カラーのマンホールは朝市の会場への道路上に、それぞれ「輪島塗」と「朝市」が描かれたマンホールとともにありました。

456

豆知識……「市の花」「町の花」など市や町のシンボルを決めるには、募集をかけたりアンケートをしたりするなど、市民や町民の意向を反映させる。ただ、ひとつに決めなくてもよく、第2、第3の花を選んでいるところもある。

万歳《まんざい》

愛知県安城《あんじょう》市のマンホールには、120ページで紹介した七夕のほかに〝扇子と鼓〟が描かれているものもありました（写真457）。安城市は「三河万歳《みかわまんざい》」の発祥地です。三河万歳は江戸時代から始まり、烏帽子《えぼし》姿の太夫《たゆう》と鼓を持った才蔵《さいぞう》が家々を回り、滑稽な掛け合いを演じるという伝統芸能です。現代の漫才の原型だともいわれています。扇子と鼓は、三河万歳の大事な小道具です。

笠懸《かさがけ》、流鏑馬《やぶさめ》

群馬県南東部にある笠懸《かさかけ》町（合併してみどり市）の町名は、源頼《みなもとのより》朝《とも》が当地で騎射三物《きしゃみつもの》*の一つ「笠懸《かさがけ》」をおこなったことに因んでいます（ほかは「流鏑馬《やぶさめ》」と「犬追物《いぬおうもの》」）。笠懸は、疾走する馬上から的に矢を放ち、的を射る、日本の伝統的な古弓馬術の一つで、マンホールに描かれているのも、その笠懸です（写真458）。このあたりでは、9月下旬から10月中旬にかけて、夏のひまわりよりも一回り小ぶりのひまわりが開花します。「ひまわりの花畑まつり」がおこなわれるなかで、笠懸の武技が披露されます。

457

458

毛呂山《もろやま》町は、埼玉県中西部の秩父《ちちぶ》山地と入間《いるま》台地にまたがる町です。毛呂山町の消火栓に描かれていたのは、町の鳥のメジロと町の木のユズ、そして「流鏑馬」です（写真459）。町内にある出雲伊波比《いずもいわい》神社は「流鏑馬」で知られ、本殿は重要文化財に指定されています。ユズは町の特産品で、水道の制水弁にはユズの実が、役場の壁面には電飾のユズがありました。

＊「流鏑馬」は馬を一直線に走らせながら、的を矢で射抜くもの。同じように馬に乗って矢を射るが、的に笠が使われているのが「笠懸」。馬場に放たれた犬を、馬に乗って追いかけながら矢で射るのが「犬追物」。鎌倉時代、武芸の中心は馬に乗って矢を射ることだったので、武芸の鍛錬としておこなわれていた。

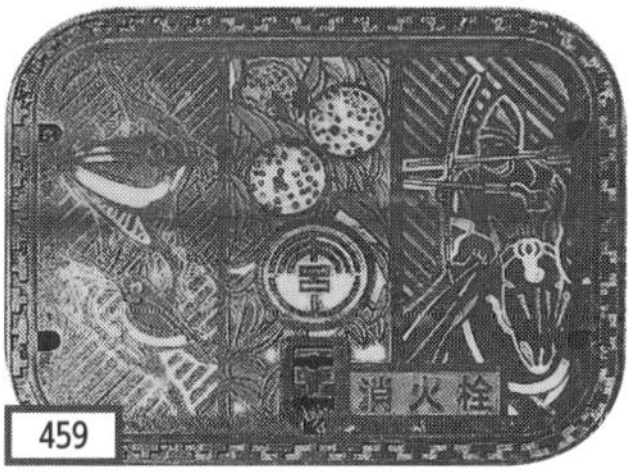

459

JR 宇和島駅前にある闘牛の銅像。

闘牛

宇和島市は愛媛県南西部にある南予《なんよ》地方の中心都市です。豊後《ぶんご》水道に面し、幕末の名君に挙げられている伊達宗城《だてむねなり》がいた旧城下町です。闘牛でも有名で、マンホールに描かれていたのも闘牛場で角を突き合わせている2頭のたくましい牛です（写真460）。闘牛の起源については、

460

鎌倉時代に農民が農耕用の強い牛に育てるために野原で牛の角を突き合わせ、これを娯楽にしていたのが始まりという説があります。禁止や規制がくりかえされましたが、現在はドーム型の屋内闘牛場があり、定期大会をおこなっています。カラーのマンホールは駅前のアーケードの入口にありました。

鵜飼い

大洲《おおず》市は愛媛県西部の中心都市です。伊予の小京都ともよばれ、肱《ひじ》川中流域の大洲盆地にあります。肱川は、夏に鵜飼いがおこなわれることでも知られています。大洲市のマンホールに描かれているのは、肱川の鵜飼いと市の木と花のツツジ（**写真461**）。ここは「おはなはん」（1966年放送のNHKの朝の連続テレビ小説）のロケがおこなわれたことから観光客が増加し、現在でも「おはなはん通り」など、ドラマに因んだ場所が観光名所になっています。

461

鵜飼いを見る人たちを乗せる屋形船が並ぶ肱川。

5 各地の伝統工芸・地場産業

酒づくり

各地の伝統的な工芸品や地場産業がマンホールの絵柄になっているものもあります。マンホールを見て、初めてその地に伝わる仕事を知ることも数多くありました。マンホールは、勉強になります。

まずはじめは私の大好きな日本酒を扱ったマンホールからです。

　岩手県中西部、花巻市の北隣にあった石鳥谷町《いしどりや》（合併して花巻市）は、南部杜氏《なんぶとうじ》の発祥地です。もちろん酒造地でもあり、「南部関」「七福神」などの酒が造られています。**写真501**のマンホールに描かれているのは、酒の仕込みの様子

501

です。大きな樽が中央に、周りはリンゴとリンドウの花です。南部杜氏は冬の出稼ぎとして各地の酒蔵にかかわっていて、日本三大杜氏（ほかに越後《えちご》、丹波《たんば》）の一つに数えられています。町には伝承館もあります。

　兵庫県西宮市《にしのみや》といえば甲子園球場、そして私にもなじみの深い「灘《なだ》の酒蔵」が有名です。マンホールにも両方が描かれ、市の花のサクラ

502

の花びらもちりばめられています（**写真502**）。ここを訪れたときは、尼崎《あまがさき》から武庫《むこ》川を渡って西宮へ入ったのが夕方の4時を回った頃。甲子園球場へも白鹿《はくしか》記念酒造博物館へも寄る気持ちの余裕がなく、宿泊予定地の神戸《こうべ》を目指してペダルを踏み続けていました。途中あちこちでのんびりしすぎました。せっかく行ったのにマンホールを撮っただけでした。

新潟・秋田などの酒どころでは〝お酒〟を扱ったマンホールがありませんでした。あまりにあちこちにありすぎて、酒蔵は「我が街」のシンボルにはならないのかもしれません。

陶磁器

益子焼《ましこやき》

焼き物を描いたマンホールは各地にありました。絵柄として取り扱いやすいのでしょう。

益子《まし こ》町は、栃木県南東部にある「益子焼」の陶器の町として知られています。**写真503**のマンホールにも、益子焼と町の花のヤマユリが描かれています。益子焼は、江戸時代末期、笠間《かさま》で修業し

503

豆知識……「平成の大合併」により、1999（平成11）年3月末に3232あった市町村の数は、2006（平成18）年4月には1820にまで減少した。合併後も元の市町村の絵柄を残しているところ、新しいデザインを考案しているところなど、いろいろある。

た大塚啓三郎《おおつかけいざぶろう》が窯を築いたことに始まるといわれています。益子町の2枚目のマンホールにも、益子焼とヤマユリ、そして松の木とウグイスも一緒に描かれていました（**写真504**）。一枚目は焼き物が中心でしたが、こちらは町の花・木・鳥が中心になっています。益子町では春と秋に陶器市が開催され、伝統的な益子焼からカップや皿などの日用品、美術品まで販売されます。

●切込焼《きりごめ》

宮城県加美《かみ》郡宮崎町（合併して加美町）は、県の北西部にある「陶芸の里」として知られた町です。田川上流部の切込《きりごめ》地区では、江戸時代後期から明治初期に「切込焼」という陶磁器が生産されていました。白地に藍色で模様を描く染付けの磁器が主ですが、彩り鮮やかな二彩・三彩の作品もあり、トルコ青・紫・白で彩られる「東北陶磁の華」として珍重されています。**写真505**のマンホールには、ハギの花と切込焼の壺が描かれています。壺の模様にあるハギとアカマツとキジは、旧町の花・木・鳥です。

504

505

九谷《くたに》焼

写真506は石川県南部の手取《てどり》川下流南岸にある寺井町（合併して能《のう》美《み》市）のマンホールです。絵柄を見て初めて、寺井町が「九谷《くたに》焼」の本場であることを知りました。獅子や壺に描かれた絵など、いかにも色絵の陶磁器である九谷焼らしさが感じられます。町の花のツツジも描かれています。周囲に描かれている模様から見て、マンホール全体も九谷焼の大皿を表現したものでしょう。ゴールデンウイークには「九谷茶碗まつり」、秋には「九谷陶芸村まつり」などのイベントが開催されます。

506

洗馬《せば》焼

写真507は長野県塩尻市の農業集落排水（略して農集排）のマンホールです。「本《もと》洗馬《せば》農集排」には奈良井川のアユと「洗馬焼」の壺が描かれています。塩尻から中央西線に乗って次の駅が洗馬駅で、中山道の宿場のあったところです。以前は洗馬村があり、1961年に塩尻市が村を編入しました。

507

豆知識……災害時に仮設トイレを組み立て、下水道に直接流すことができる「災害用マンホールトイレ」の整備が進められている。これによって、くみとりの必要がないトイレを災害時にも使用することができる。マンホールに「災害用」「トイレ」と記載されているのが目印だ。

美濃《みの》焼

多治見《たじみ》市は岐阜県中南部、庄内川上流の土岐《とき》川沿いにある、美濃《みの》焼で知られる窯業都市です。多治見市で見つけたマンホールには、美濃焼の徳利と杯、市の花のキキョウに「土岐川」の流れがデザインされています（**写真**508）。カラーのマンホールは市内の商店街にありました。市内には由緒ある窯元や陶磁器に関する美術館、資料館、ギャラリーなどが点在しています。美濃焼は桃山時代に、それまでになかった自由な発想で登場した「美濃桃山陶」とも呼ばれる陶器です。なかでも、武将でもあり茶人でもあった古田織部《ふるたおりべ》が創意工夫を凝らした「織部好み」は有名です。

508

土岐市は同じく岐阜県南部、土岐川沿いにある美濃焼の産地であり、陶磁器生産日本一のまちとして知られています。また織部焼発祥の地でもあります。**写真**509のマンホールにも、美濃焼が市の花のキキョウとともに描かれていました。日本一の「どんぶり」の生産地でもあり、市内肥田《ひだ》町には〝どんぶり型〟をした道の駅「どんぶり会館」もあります。美濃焼のアンテナショップのほか、展示

509

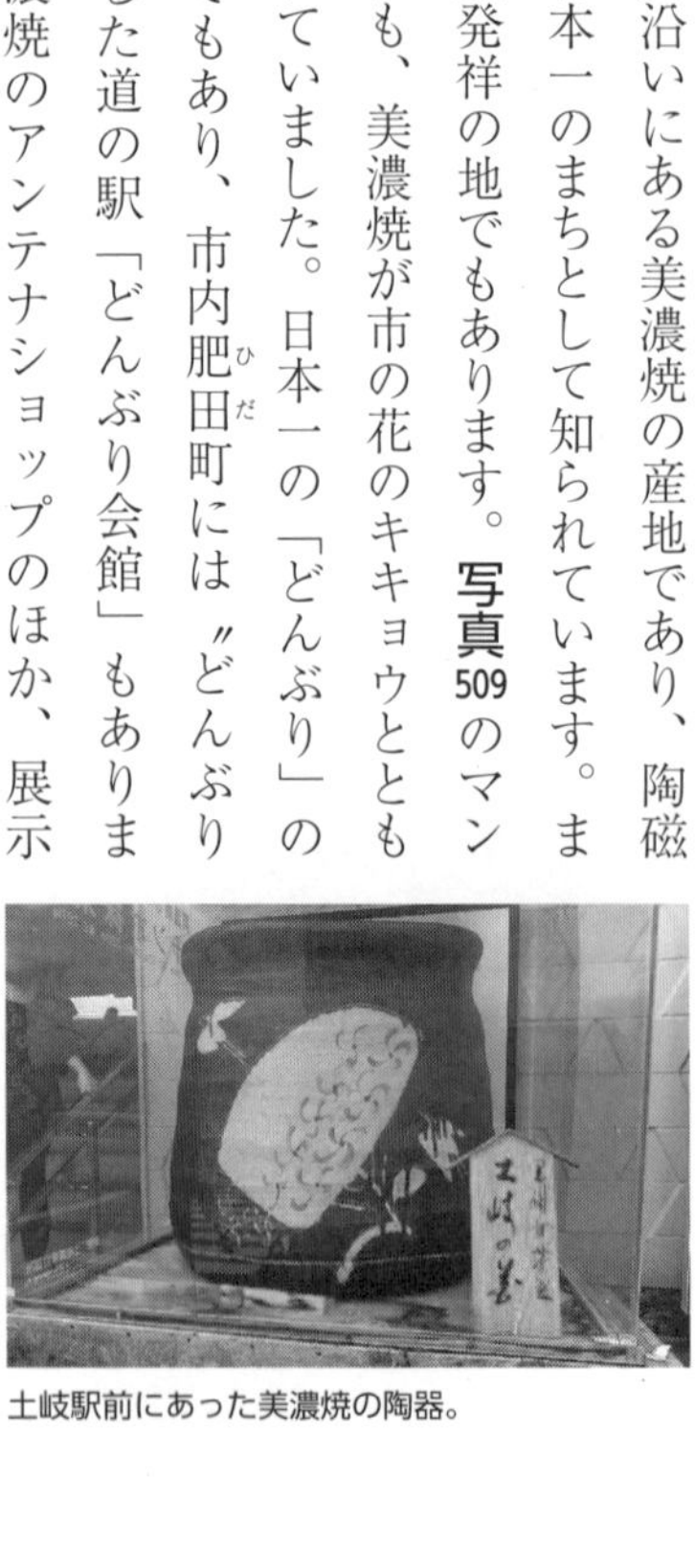

土岐駅前にあった美濃焼の陶器。

コーナーや作陶教室などのアミューズメント機能も取り入れた施設です。

備《び》前《ぜん》焼

岡山県の南東部にある備前《びぜん》市は、「備前焼のふる里」です。**写真510**のマンホールには備前焼の天津《あまつ》神社の狛犬《こまいぬ》が描かれ、すごい迫力でこちらを睨みつけています。備前は瀬戸、常滑《とこなめ》、丹波《たんば》、信楽《しがらき》、越前《えちぜん》とともに日本を代表する六古窯《ろっこよう》の一つ。釉薬は一切使用せず、絵付けもしないで、「酸化焔焼成」によって堅く焼き締められた肌合いや、「窯変」によって生み出された独特の模様などが特徴です。備前市伊部《いんべ》にある天津神社には、参道や狛犬など、いたるところに備前焼が使われています。ちょっと小高い所から街を眺めると、あちこちに窯の煉瓦造りの煙突が見えました。

天津神社の境内にいる備前焼の狛犬。

鬼瓦

同じ焼き物でも、愛知県中部の高浜市は「瓦」の産地です。こ

511

510

の土地で産出する良質の粘土を使った「三州瓦《さんしゅうがわら》」の生産の中心地で、**写真511**のマンホールにも屋根瓦が描かれ、鬼瓦と市の花のキクも加わっています。〝瓦の街〟のシンボル鬼瓦は、屋根の棟の端に据えられる装飾瓦で、雨よけや魔よけとして使われています。鬼瓦をつくる職人を〝鬼師〟といい、その高い技術を生かして鬼瓦以外にもいろいろな飾瓦、留蓋《とめぶた》（神社仏閣の屋根の四隅にある半球状の瓦に飾り物のついたもの）、さらには仏像などもつくるそうです。全国で唯一の瓦をテーマにした「高浜市やきものの里かわら美術館」もあります。

512

群馬県の南部にある藤岡市のマンホールにも、「鬼瓦」と市の花のフジが描かれていました（**写真512**）。藤岡も瓦の生産が盛んで、その歴史は古く、538年の百済からの仏教伝来にまで遡るといわれます。昔ながらの手彫りでつくられる鬼瓦は高い技術が必要で、群馬県の「ふるさと伝統工芸品」に選定されています。藤岡駅の正面には、怖そうな鬼瓦が掛けられていました。

高浜市役所にも「瓦」が置かれている。

織物

●紡ぐ

「織物」の工程のなかから、まずは〝原料〟を描いたマンホールです。

山梨県豊富村《とよとみ》（合併して中央市）は甲府盆地の南側にあります。道の駅「とよとみ」の近くでマンホールを発見しました（**写真513**）。「シルクの里」という文字と桑の葉、繭、蚕がデザインされています。かつては繭の生産量が日本一で、養蚕農家は５００軒を超えていたそうです。丘陵地帯には桑畑が広がり、古くから養蚕の盛んだった地域にちなみ、郷土資料館や温泉施設を備えた「豊富シルクの里公園」があります。

大阪市のすぐ東隣にある八尾《やお》市のマンホールには、昔の糸紡ぎの様子と周りに市の花のキクが描かれていました（**写真514**）。下に紡いだ糸巻きが二つ見えます。八尾の地は木綿栽培に適していたことから、全国有数の綿作地帯となり、綿織物は「河内《かわち》木綿」として遠く各地まで運ばれました。明治時代には綿の栽培から撚糸、織りまでを盛んにおこなっていたそうです。機械化と外国綿のために大正時代頃には衰退したようで

513

514

すが、市民の熱意で甦りつつあるといいます。

●機織《はたお》り

大阪府の泉大津市では、2種類のマンホールを見つけました。**写真515**にはヒツジの親子、**写真516**には「機織《はたお》り」の様子が描かれています。つまり〝原料〟と〝織り〟です。泉大津は毛織物、特に毛布の生産が盛んで、1885年に日本初の毛布がこの地でつくられました。国内で生産される毛布の98%は泉大津産だそうです。「和泉《いずみ》木綿」の産地でもあり、〝織り・編み〟も重要な産業になっています。市内には「織編館《おりあむ》」があり、泉大津の伝統産業を伝えています。

515

516

桐生織りの絹織り機。

群馬県桐生《きりゅう》市は、県東部にある絹織物の街です。マンホールには反物になった絹織物と織機の歯車が描かれています（**写真517**）。周りは市の花のサルビアです。桐生は奈良時代から絹織物の産地として知られ、「桐生織」は京都・西陣の西陣織と

517

ならび称されました。市内にある「桐生織物記念館」は、桐生の織物業の隆盛をいまに伝える建築物として、国の有形文化財に登録されています。

●晒《さら》し

愛知県岩倉市は、県北西部に位置する名古屋市のベッドタウンです。マンホールに描かれているのは、五条川のこいのぼりの晒《さら》し洗いとサクラの花です（**写真518**）。五条川沿いは「日本のさくら名所百選」にも選ばれているサクラ並木が有名です。市内には400年の伝統を誇る幟屋があり、伝統的な手法で歴史と伝統を守り伝えています。こいのぼりの染色の際に塗った糊を洗い落とす作業は「のんぼり洗い」と呼ばれ、五条川の初春の風物詩ともなっています。

●反物《たんもの》

福岡県久留米《くるめ》市では**写真519**のマンホールを見つけました。市の花のピンク色のクルメツツジと久留米絣《がすり》の反物《たんもの》が描かれています。江戸時代に井上伝《いのうえでん》により考案されたという「久留米絣」は久留米藩の特産品で、現在は国の重要無形文化財、伝統的工芸品に指定されています。絣の絵模

518

519

様を織る織機を発明した「からくり儀右衛門《ぎえもん》」こと田中久重《たなかひさしげ》は井上伝と同郷で、後の東芝の礎を築いた人物です。こうした「ものづくり」の気風が久留米の工業の発展につながっているのでしょう。

写真520は、沖縄県の久米《くめ》島東部の仲里村（具志川村と合併して久米島町）にあったマンホールです。町章と久米島紬《つむぎ》がデザインされています。サトウキビ農業やダイビングスポットとして知られ、国の重要無形文化財の「久米島紬」が有名です。久米島紬は琉球王国以来の伝統があり、模様選び、染付け、織りの工程を一人が手作業でおこないます。マンホールの絵はツバメの柄を織りこんだ紬です。

新潟県中部にある五泉《ごせん》市のマンホールで気になったのが**写真521**の絵柄です。衣桁《いこう》にかけられた松竹と菱形模様の着物が描かれています。五泉市は古くから織物が盛んで、はかま地で知られる「五泉平《ひら》」は江戸中期から始められました。特色は染めの技術にあり、天然染料を使って赤茶黒等に染め分け、化学染料には出せない美しさを表現しています。

●行商

滋賀県中東部、日野川上流域にある日野町は、近江《おうみ》商人の出身地で

520

521

す。**写真522**のマンホールには天秤商いの日野商人、町の花のホンシャクナゲと、綿向《わたむき》山、日野川が描かれています。日野町では古くから絹織物・製薬業がおこり、京都という大消費地に向けて、呉服や薬、漆器などの行商がおこなわれていました。天秤棒一本の行商から始め、財をなして千両の富を得てもなお、天秤棒を肩に行商に出たことから、「近江の千両天秤」と呼ばれたそうです。

522

和紙

●紙漉き

山梨県中富町（合併して身延《みのぶ》町）は、県南西部、富士川の西岸にある町です。マンホールの絵柄は、旧中富町の花のアジサイと紙漉きです（**写真523**）。手漉きによる「西嶋和紙」の歴史は戦国時代に遡り、特徴は「みつまた」という植物を主原料にした光沢のあるつややかさです。また、故紙や稲ワラなどの材料を混ぜてつくる書画用の「画仙

523

紙」は、にじみが美しく黒色をはっきり表現できると、全国の書道家に愛用されています。

埼玉県の中西部、秩父《ちちぶ》山地の東麓にある小川町では、下水道ではないですが、ちょっと変わった消火栓のマンホールを発見しました（**写真524**）。笑顔で紙を漉く女性が描かれています。「和紙のふるさと」とあるように小川町の和紙は1300年の歴史があり、土佐・美濃《みの》と並ぶ和紙の代表的な産地です。なかでも楮《こうぞ》だけを使用した「細川紙」の技術は、国から「重要無形文化財」の指定を受け、2014年にはユネスコの無形文化遺産にも登録されました。伝統的な手漉き和紙で、未晒《みざら》しの純楮紙ならではの強靭さと、素朴でつややかな光沢の味わいがあります。

524

● 折り鶴

愛媛県川之江《かわのえ》市（合併して四国中央市）は、県東端の燧灘《ひうちなだ》に面する製紙工業都市です。金生《きんせい》川の伏流水に恵まれ製紙業・紙加工業がおこり、生産できないのは「紙幣と郵便切手」といわれるほどで、いまでは紙製品の出荷額全国1位の「紙のまち」として知られています。**写真525**のマンホールには、たくさんの折鶴と「四国かわのえ　紙のまち」の文字が描かれていました。

525

526

写真526の三重県桑名市のマンホールにも「折鶴」が描かれていました。じつは桑名に伝承されている千羽鶴は、1枚の紙から連続した鶴を折る独特の連鶴です。これは江戸時代、長円寺の住職・魯縞庵《ろこうあん》義道《ぎどう》によって考案され、2羽から最高97羽の鶴を一枚の紙に切り込みを入れるだけでつないで折っていきます。この折り方は「桑名の千羽鶴」として市の無形文化財に指定されています。

植木・盆栽

香川県国分寺町（合併して高松市）は県のほぼ中央に位置する町です。讃岐《さぬき》の国分寺があったところで、現在の国分寺は四国霊場の八十番札所《ふだしょ》になっています。写真527のマンホールには、松の盆栽と旧町の花のサツキが描かれています。ここは全国屈指の盆栽の産地で錦松発祥の地であり、明治の初め、末澤《すえざわ》喜《き》一翁《いちおう》が山採りの錦松の活着に成功したのがはじまりです。香川県は松盆栽の生産では日本一といわれ、国分寺町では約110戸の農

527

家がその約50%を生産しています。道路沿いでも随所で植木・盆栽を売っていました。ほかに、町章が消された同じ絵柄で、合併後の高松市の名前入りのマンホールもあります。

埼玉県南東部の大宮市（合併してさいたま市）のマンホールにも「盆栽の松」が描かれています（**写真528**）。旧地名は武蔵《むさし》一《いち》ノ《の》宮《みや》氷川《ひかわ》神社の通称に由来するそうです。その氷川神社の北に「盆栽村」があります。関東大震災により、駒込《こまごめ》、巣鴨《すがも》、本郷《ほんごう》などで営んでいた盆栽業者が、被災後に集団移住して形成されました。日本屈指の盆栽郷とされ、日本国内のみならず海外からの観光客も多く訪れています。

名古屋市の北西にある稲沢《いなざわ》市は、植木・苗木の産地として全国的に知られています。その歴史は鎌倉時代にまでさかのぼり、柏庵《はくあん》和尚《おしょう》が、中国で学んだ柑橘《かんきつ》類の接ぎ木の手法をこの地に伝えたのが始まりと伝えられています。**写真529**のマンホールに描かれている花はベニサザンカで、稲沢市で生まれた代表的なサザンカの品種です。古くから植木の四大生産地（ほかに埼玉県川口市、大阪府池田市、福岡県久留米《くるめ》市）の一つに数えられ、定期的に開催される市場には全国から植木業者が集まってくるそうです。

さいたま市のJR土呂駅前にある巨大な盆栽。

528

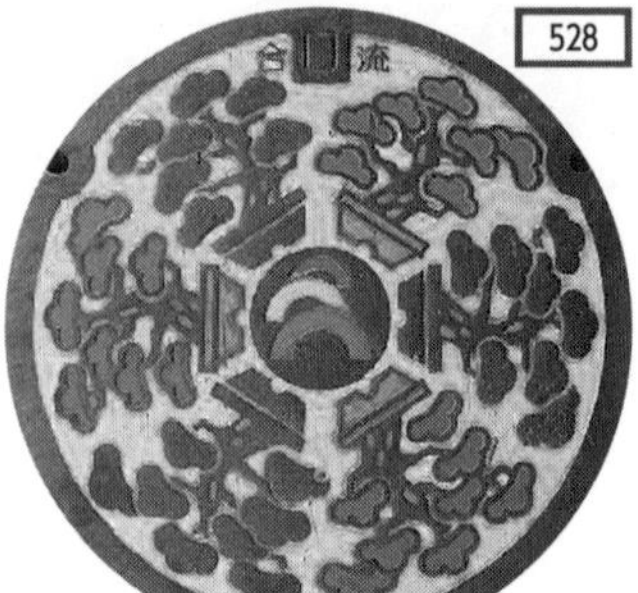

529

観賞用のコイ

新潟県小千谷《おぢや》市は、県中央部にある商業の町です。マンホールには錦《にしき》鯉《ごい》が描かれていました（**写真530**）。錦鯉が初めて出現したのは、江戸時代の文化・文政の頃で、食用のコイのなかに突然変異で色のついた「変わり鯉」が現れたのが最初といわれています。その後、小千谷の人々によって研究と改良が重ねられ、「泳ぐ宝石」と評される見事な観賞魚になりました。現在も養殖が盛んで、西欧やアジアなどからも注目を集めているといいます。盆栽と並んで錦鯉という日本文化が海外に受け入れられているのです。「デザインマンホール」も、同様に世界に広がってほしいと思います。

兵庫県の養父《やぶ》町（合併して養父市）のマンホールにも、円山《まるやま》川とコイが描かれています（**写真531**）。養父町は「但馬牛《たじまうし》」の産地でもあり、食用の黒鯉や錦鯉の養殖も盛んです。市内を流れる円山川の清流を庭の池に引きこみ、そこでコイを飼うことは「鯉の囲い飼い」と呼ばれます。街の散策案内にも〝観賞池〟として紹介され、色鮮やかな錦鯉を間近に

530

531

見ることができます。２０００年春に新品種「ひれ長鯉」が誕生しました。ふつうの錦鯉にくらべ、尾びれも背びれも長さが二倍以上あり、ロングドレスをまとったスターのような美しさだそうです。

コイより小さくなりますが、金魚のマンホールもあります。奈良県大和郡山市は、戦国時代は筒井順慶《つついじゅんけい》、その後に豊臣秀長《とよとみひでなが》が築城し繁栄したところです。現在は「郡山《こおりやま》金魚」の養殖で知られ、山形県の庄内金魚と市場を大きく二分するほどのシェアを誇っています。その数は年間６０００万匹。マンホールの絵柄には「金魚鉢のなかの金魚」が描かれています（**写真532**）。金魚の養殖は江戸時代から武士の副業として始まり、市内には養殖池が広がっています。１９９５年から金魚すくいを競技とした「全国金魚すくい選手権大会」が開かれ、日本各地から参加者があるそうです。

532

金工品

新潟県三条市は、県中央部の加茂《かも》市と燕《つばめ》市の間にある商工業都市です。**写真533**のマンホールには、ペンチやスパナなどの工具が描かれています。三条の鍛冶《かじ》の歴史は、約３９０年前の寛永年間

533

に、水害と災害からの救済策として江戸から釘鍛冶職人を招き、農民の副業として和釘の製造を奨励したことが起源だとされています。その「三条鍛冶」の伝統が今に続いていて、私も三条の〝枝切り鋸〟を庭木の剪定に愛用しています。

兵庫県三木《みき》市は、県南部、六甲《ろっこう》山地の北西麓にある工業都市で、全国屈指の「金物のまち」です。**写真534**のマンホールには、ノコギリやノミなどの工具が幾何学模様のようにデザインされていました。伝統的な三木金物のうち、鋸《のこ》・鑿《のみ》・鉋《かんな》・鏝《こ》・小刀《こがたな》の5品目が、「播州三木打《ばんしゅうみきうち》刃物《はもの》」として経済産業大臣により伝統的工芸品に指定されています。市内には「金物資料館」や「金物神社」もありました。

写真535は島根県東部の中海南岸にある東出雲《ひがしいずも》町（合併して松江市）のマンホールです。町の花のツツジと町の木のカキの実が描かれています。畑地区は江戸時代から「干し柿の里」として知られています。絵柄も干し柿のようです。ところで、なぜこのマンホールを登場させたのでしょうか。よく見ると、絵柄に4つの「歯車」がデザインされています。町の中心の揖屋《いや》地区は農機具工業が盛んで、それをシンボライズす

534

535

るのが「歯車」だと思われます。これは観光案内にも載っていない情報でした。

　新潟県中東部の信濃《しなの》川西岸にある与板《よいた》町（合併して長岡市）のマンホールの絵柄も幾何学模様に見えますが、これは祭りの屋台の車輪のようです（**写真536**）。与板町の総鎮守《ちんじゅ》「都野《つの》神社」の秋季例大祭として毎年十五夜の時期におこなわれるのが「与板十五夜まつり」です。一番の見どころは、3台の屋台がお囃子にのって順番に屋台坂を登る「万燈《まんどう》登り屋台」で、約200人の引き手が力強い掛け声とともに屋台を境内まで引き上げます。その250年余りの歴史と伝統を支えるのが、打刃物、金物製造の町ならではの登り屋台の大車輪というわけです。

536

537

　富山県城端《じょうはな》町（合併して南砺《なんと》市）は、南西部の砺《と》波《なみ》平野南端にある町です。マンホールには中央に町の花のミズバショウ、その周りには町の木のコシノヒガンザクラ、外側には車輪が描かれています（**写真537**）。5月におこなわれる「城端曳山《ひきやま》祭」に登場する絢爛豪華な曳山の車輪の模様で、絵柄ではわか

「水車の里」にある、曳山の車輪を模した水車。

りませんが、実際の曳山には華やかな色彩と漆や彫金などが施され、見事な工芸品になっています。私は曳山の車輪を模した六連の「曳山水車」で、この車輪の美しさを楽しんできました。

木工品

他にも多種多彩なものが絵柄に取り上げられています。この町でこんなものがつくられていたのか、とマンホールを見て初めてわかったこともあります。

山形県天童市は、山形盆地中央部の東半分を占める都市です。マンホールに描かれていたのは将棋の駒とモミジです（**写真538**）。雨に濡れて将棋の駒ははっきりと見えませんが、水道の止水弁には同じ将棋の駒の「王将」と「左馬」が色付きで描かれていました（**写真539**）。

538

将棋の駒は、幕末に旧織田家中の内職として家臣吉田《よしだ》大八《だいはち》が奨励したことに始

539

豆知識……マンホールの蓋のデザインは、まれに一般公募する場合もあるが、ほとんどは蓋をつくっている製造工場がデザインも手がけ、最終的には各市町村が選んでいる。

まり、天童市では全国の9割を生産しています。私の「ヘボ将棋」も、天童の駒を使えば少しは上達するかもしれません。

山梨県南部の富士川沿いの山村の六郷町《ろくごう》（合併して市川三郷町《いちかわみさと》）のマンホールには「特定環境保全公共下水道事業　六郷町」と篆書《てんしょ》体で書かれています（**写真540**）。中央上は旧町章、下は町のシンボルの〝ハンコ〟です。ここは「日本一のハンコの里」です。町内の印章資料館には、武田信玄《たけだしんげん》の旗印である〝不動如山〟の日本一大きなハンコがあり、〝ハンコ〟に関する貴重な資料が多数保存されています。マンホールをよく見ると、全体が「印判のデザイン」になっているのですが、おわかりでしょうか？

540

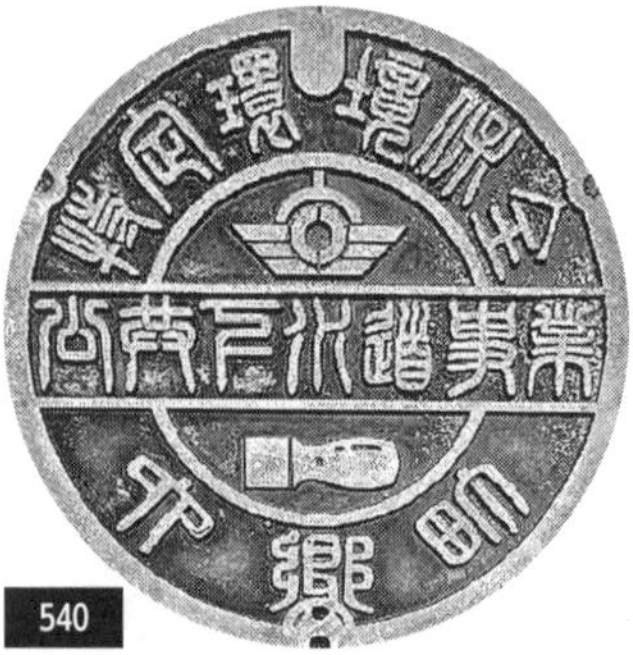

六郷町を代表する職人たちによって製作された巨大ハンコ。

島根県横田町（合併して奥出雲町《おくいずも》）は、県南東部の斐伊《ひい》川上流域にあり、鳥取・広島2県との県境にある町です。奥出雲は古事記、日本書紀の八岐大蛇《ヤマタノオロチ》退治や、素戔嗚尊《スサノオノミコト》が降臨したと伝えられる出雲神話発祥の地です。砂鉄採取と「たたら」製鉄の歴史が古く、これを現代によみがえらせて日本刀の制作もおこなわれています。鉄穴《かんな》流し（江戸時代にこの地方で大規模におこなわれていた砂鉄採取方法）によって生み出されたミネラルたっぷりの良田が多く、酒米の産地にもなっています。ヘビ年

541

の年賀状に使おうと、八岐大蛇のマンホールを探しに行きました。**写真541**がそれですが、「蛇」よりは「龍」に近い伝説上の存在でした。背景になっている六角形は〝そろばんの玉〟のデザインで、ここは「雲州そろばん」の産地でもあり、国の伝統的工芸品に指定されています。

542

滋賀県安曇川《あどがわ》町（合併して高島市）は、県北西部、琵琶湖西岸の安曇川下流にあります。マンホールには、たくさんの扇子が描かれていました（**写真542**）。安曇川沿岸の竹林では良質な竹が取れ、「扇骨《おうぎぼね》」の産地として有名です。「扇骨」とは文字どおり扇の骨のことで、紙や布をはるための、竹や木でできた部分です。全国の90％を生産して、３００年以上の歴史と伝統を誇っています。製品は「京扇子」として販売されますが、最近は地元で完成品まで手がけ、「近江《おうみ》扇子」として売り出しています。

奈良県南部、近鉄吉野線の下市口《しもいちぐち》駅から吉野川を渡ったところに下市町があります。見つけたマンホールには、花の周りに松葉のようなものが描かれていますが、これは割り箸です（**写真543**）。下市は割り箸発祥の地としても知られ、町の木のスギの間伐材を使った割り箸を生産しています。町の花はマツバボタンで、これもマンホールの絵柄では珍しい花です。

543

豆知識……マンホールは地面にあるものなので、神社や寺、教会など宗教的な意味合いのあるものは、「ふみたくない」「ふまれたくない」と敬遠されることもある。

人形

もともとは郷土玩具でしたが、今では伝統工芸品となっているものに、こけしがあります。

青森県中央部の津軽《つがる》平野東部から八甲田《はっこうだ》山西部を占める黒石市は、黒石米と津軽りんごの産地として知られています。マンホールには、こけしとリンゴ、稲穂が描かれています（**写真544**）。マンホールの絵ではわかりにくいのですが、黒石のこけしは裾広の胸の膨らんだ形が特徴だそうです。リンゴは米国から導入され、青森県には1875年に政府から3本の苗木が配布されたのが始まりです。このマンホールを見つけたのは、黒石市に着いたときに土砂降りの雨に降られ、雨宿りをした黒石駅の前でした。

544

黒石のこけし。

545

宮城県北西部の温泉の町には、鳴子《なるこ》町（合併して大崎市）の鳴子温泉郷があります。マンホールには、こけしと「いで湯とこけしの里鳴子」の文字が書かれていました（**写真545**）。ここには中山平《なかやまだいら》温泉、鳴子

温泉、東鳴子温泉、川渡《かわたび》温泉、鬼首《おにこうべ》温泉の5つの特色ある温泉地があります。国内にある11種の泉質のうち9種類が揃うといわれています。鳴子峡へ行く途中、こけし館で「こけしのお雛さま」を見つけました。鳴子こけしの特徴は、大きな頭、なかほどがやや細くなった安定感のある胴と、キクの模様だそうです。温泉は駅前の足湯でも楽しみましたが、かなり熱かったです。

郷土玩具

写真546は青森県八戸《はちのへ》市の水道の制水弁のマンホールです。直径20センチメートルほどの小さなもので、〃ハンドホール〃とも呼ばれています（→P59豆知識）。ここに描かれているのは「八幡馬《やわたうま》」です。八戸を中心とする南部地方に伝わる郷土玩具で、お嫁入りの際の乗馬の衣装を表したものだと伝わっています。胸や腹部分の巧みな曲線加工と、華やかな模様で造られた八幡馬は、福島県の三春駒、宮城県の木下駒とともに「日本三駒」の一つとされています。制水弁の蓋の絵柄には、ほかにも「七夕飾り」、市の鳥の「ウミネコ」な

546

どもありました。

新潟県巻町《まきまち》（合併して新潟市）は、新潟平野の穀倉地帯のなかで、商業の中心となっている町です。マンホールに描かれているのは「鯛車《たいぐるま》」です（写真547）。鯛車は巻地区に伝わる和紙と竹でつくる郷土玩具で、江戸末期から昭和の中頃まで、お盆には浴衣姿の子どもたちが灯りをともし、町を引いて練り歩いたそうです。その後、時代の変遷とともに姿を消しましたが、有志が集まって「鯛車復活プロジェクト」を発足させ、復活に向けた活動がおこなわれています。

長野県の野沢温泉村（豊郷村《とよさとむら》を改称）のマンホール（写真548）には、郷土玩具の「鳩車《はとぐるま》」が描かれていました。周りにあるのは村の花の野沢菜の花です。鳩車は野沢温泉村に子どものおもちゃとして古くから伝わる伝統工芸品で、アケビの蔓でつくられています。白く滑らかでつやのあるアケビの蔓は、手で編むことができ、籠や一輪挿し、ランプシェードなどの民芸品にも加工されています。江戸末期に始まり、一時衰退しましたが、明治後半に復活し、全国郷土玩具番付の〝東の横綱〟と評価されているそうです。

547

548

まんまるい目と口の「金魚ちょうちん」。

山口県の南東部にある柳井《やない》市の消火栓には金魚が描かれていました（写真549）。郷土民芸品の「金魚ちょうちん」です。江戸時代に「青森ねぶた」にヒントを得てつくられたそうです。毎年8月には「金魚ちょうちん祭り」があり、駅前の商店街には数千個の提灯がともります。柳井といえば「白壁の街並み」で知られていますが、金魚ちょうちんは夏の風物詩として軒先にもずらりと吊るされていました。別の消火栓には大量の水を吐く金魚が描かれていましたが、可愛い金魚の放水で火事が消せるかどうか、ちょっと心配です。

549

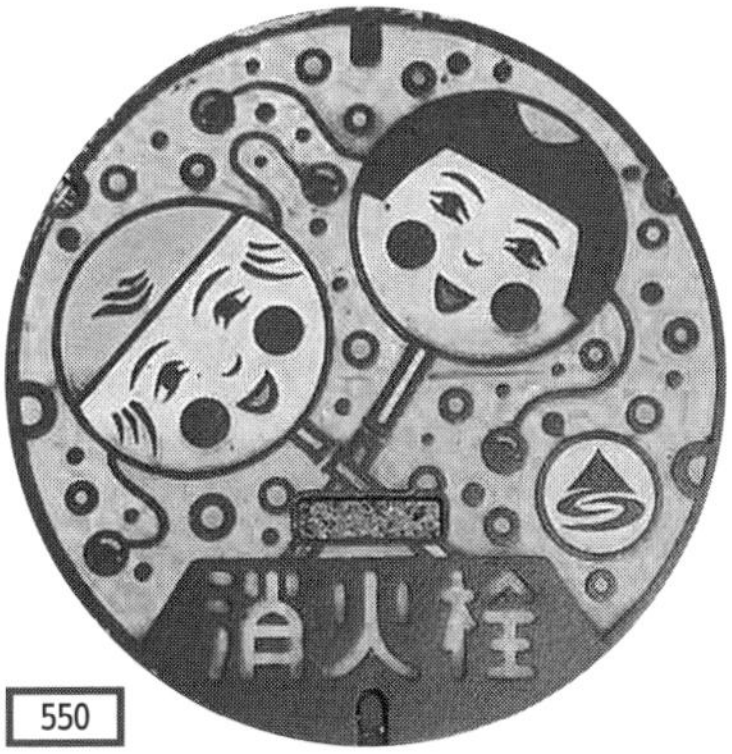

550

写真550は福岡県の甘木《あまぎ》市（合併して朝倉市）で見つけた消火栓です。描かれているのは豆太鼓です。市内の安長寺には、古くからつづく天然痘除けのお祭り「バタバタ市」があり、天然痘除けのおまじないとして豆太鼓が売られています。これは柄のついた小さな紙張りの太鼓の玩具で、そこに童子の顔を描いたものです。太鼓の左右には豆が糸で吊り下げてあり、柄を両手ではさんで回転させるとバタバタと可愛い音を発します。これが「バタバタ市」の語源と

なっているそうです。

福岡県芦屋町は県北部の響灘《ひびきなだ》に面し、遠賀《おんが》川河口にある港町です。響灘に面して隣の岡垣町まで続く三里松原があり、風光明媚なところです。マンホールには、旗指物を背にした武者が乗る藁の馬が描かれていました（**写真551**）。芦屋町には約300年前から伝わる「八朔《はっさく》の節句」という伝統行事があります。各家庭の長男・長女が初めて迎える旧暦8月1日（朔日）に、男の子は藁で編んだ「わら馬」、女の子は米粉でつくる「団子雛」で健やかな成長を願うのだそうです。マンホールの絵柄は、その「わら馬」です。

551

552

宮崎県延岡《のべおか》市は県北東部にある工業都市で、マラソンをはじめとするスポーツの盛んなところです。マンホールにはサルが2匹描かれていました（**写真552**）。これは「のぼりざる」と呼ばれる延岡の伝統的な郷土玩具で、菖蒲《しょうぶ》を描いた幟《のぼり》に張り子のサルをぶら下げ、5月の節句にこいのぼりとともに揚げます。幟が風をはらんでふくらむと、張子のサルがするすると竹の竿を上がる仕掛けで、子どもの成長と五穀豊穣を願う縁起物とされています。

6 地方ならではの特産物

イカ

北海道南西部、津軽《つがる》海峡に面した函館《はこだて》市のマンホールは、イカのダンスです（写真601）。目のぱっちりとした可愛らしいイカは女の子でしょうか。カラーのマンホールは、市場横の道路で見つけました。市の魚になっているイカは函館が誇る海産物で、イカソーメンやイカの塩辛などの生産が多く、「イカの街」として町おこしをおこなっています。夏から秋にかけて津軽海峡に浮かぶイカ釣り船の漁火《いさりび》は、幻想的な美しさです。

601

新潟県両津《りょうつ》市（合併して佐渡《さど》市）は、佐渡島の北東部海岸沿いにあり、表玄関口にあたる都市です。「津」は港の意味で、加茂《かも》湖北東岸に夷《えびす》・湊《みなと》の2港があったことから〝両津〟の名前になりました。写真602のマンホールは、職場の後輩が佐渡旅行のお土産にと撮ってきてくれました。描かれていたのは旧両津市の魚であるイカです。夜の海

602

に点々と灯る漁火は真イカ漁を告げる風物詩です。佐渡では年間を通してさまざまな種類のイカがとれますが、6月頃からとれる真イカが一番おいしいとされています。

●ウニ

北海道奥尻町《おくしり》は南西部の奥尻島にある漁業の町です。マンホールに描かれているトゲトゲのあるキャラクターは「うにまる」です（**写真603**）。「うにまる」は奥尻島の着ぐるみのマスコットキャラクターで、ウニが名産であることから、キタムラサキウニをモチーフにしています。大きな丸い顔に、頭部にはオレンジ色の触角をつけたうにまるは、港で観光客に対し手を振ったり記念撮影するなどの活動をおこなっています。奥尻町は、かつて北海道南西沖地震による津波と土砂災害で壊滅的な被害を受けたところですが、私が訪れたときは、すっかり復活していたように思えました。

「うにまる」君と記念撮影する妻。

603

岩手県種市町《たねいち》（合併して洋野町《ひろの》）は県北東部、三陸海岸の北部にあり、北は青森県に接して太平洋に面する町です。マンホールの絵は、ウニを手

604

にした潜水士とカモメです（写真604）。種市は「南部もぐり」と呼ばれる潜水士の地で、描かれているのは旧種市町時代からのシンボルキャラクター、ダイバーの「ダイちゃん」です。素潜りの「海女《あま》さん」ではなく、重い潜水服を身に着けて潜ります。２００８年には「南部もぐり」誕生１１０周年記念のイベントが開催されました。駅前の公衆トイレは「潜水帽」をかたどったユニークなものでした。

潜水帽をかたどった公衆トイレ。

●ホタテ

青森県平内《ひらない》町は、県中央部の陸奥《むつ》湾に突き出した夏泊《なつどまり》半島の南部にある町です。マンホールには、ホタテと、町の鳥の白鳥、町の花のツバキ、町の木のマツが描かれていました（写真605）。平内町は「ホタテ養殖発祥の地」で生産量は日本一を誇り、「ホタテの町」として知られています。また夏泊半島の椿《つばき》山は、1万数千本のヤブツバキにおおわれ、自生の北限であることから国の天然記念物になっているほか、小湊《こみなと》の浅所《あさどころ》海岸一帯には毎年10月中旬頃にシベリアから白鳥が渡

605

来し、全国で唯一「特別天然記念物」に指定されています。

岩手県山田町は県の東部、三陸海岸の宮古市の南にある漁業の町です。リアス海岸で有名な日本を代表する景勝地「三陸海岸」のほぼ中央に位置し、優美な自然環境に囲まれています。マンホールにはホタテが描かれていました（写真606）。海の十和田《とわだ》湖と称されるほど波穏やかな山田湾で、カキ・ホタテ・ワカメ・ホヤなどを養殖しています。なかでも殻付きカキは生産量日本一を誇っています。東日本大震災により養殖筏《いかだ》は甚大な被害を受けましたが、復興に向けて着実に進んでいるようです。かつては捕鯨の町だった山田町の水道制水弁には、クジラも泳いでいました。

606

サンマ

宮城県北東部にある三陸地方の代表的な水産都市、気仙沼《けせんぬま》市のマンホールには、市の木のクロマツ、市の鳥のウミネコ、市の花のヤマツツジが描かれ、三陸の海にサンマが泳いでいます（写真607）。気仙沼といえば全国有数の水揚げ高のサンマですが、じつは市の魚は「カツオ」で、生鮮ガツオ水揚げ高日本一を誇っているのです。また毎年東京の目黒でおこなわれる「さんま祭り」には、気仙沼から約5000

607

尾ものサンマが送られ、その場で焼いて区民に提供されています。落語でも有名な「目黒のさんま」は、気仙沼産なのです。

608

「秋田名物　八森ハタハタ〜」と秋田音頭に唄われる秋田県の北西部にある八森町（合併して八峰町）のマンホールには、そのハタハタとツツジの花が描かれていました（**写真608**）。町を南北に走る五能線は、日本海の絶景を眺めることのできるローカル線として人気があります。冬の荒れる日本海で獲れるハタハタは、泥や砂の海底に生息する深海魚で、産卵は11月から12月、浅い岩場の藻場を中心におこなわれます。うろこのない20センチメートルほどの白身で淡白な味わいの魚です。これを飯鮨《いずし》にした「鮨鰰《すしはたはた》」は私の大好物ですが、最近は高級品になりなかなか口にできなくなりました。絵柄に描かれた〝笑っているハタハタ〟は、町内のあちこちの看板で見られます。

あちこちで見かけたハタハタの看板。

サケ

北海道から東北、北陸にかけて、サケの姿を描いたマンホールがいくつかあります。

新潟県村上市のマンホールにもサケが描かれていました（**写真609**）。飛び跳ねるサケと三面川《みおもて》、村上城跡の石垣と松です。村上市は江戸時代からサケが特産物で、市街を流れる三面川は、サケの天然繁殖法に初めて成功したところです。サケが村上藩の貴重な財源であったところから、藩士の青砥武平治《あおとぶへいじ》はサケの回帰性に注目し、三面川での産卵・ふ化を保護する「種川の制」をつくり、サケの増殖を成しとげ財政を潤しました。日本最初の鮭の博物館「イヨボヤ会館」には、遡上するサケをじかに観られる観察窓があります。私は村上の風土を活かした〝塩引き鮭〟や、伝統の珍味〝酒びたし〟にも惹かれました。

ほかにも青森県下田町（**写真610**）、岩手県の宮古市（**写真611**）などの太平洋岸にサケが多いようです。どちらも雌雄2匹のサケを全面に描いてありました。下田町ではなかなかマンホールが見つからず、町内を走り抜けて隣の百石町《ももいし》のマンホールを撮ったところで気がつきました。ちょうど町の境だったようです（下田町と百石町が合併しておいらせ町が誕生）。宮古市ではカラーのマンホールを市役所前で見つけました。東日本大震災後に訪れると、色が剝げてボロボロ。津波の激しさを改めて思いました。

609

610

611

豆知識……マンホールの蓋には「鋳鉄《ちゅうてつ》」とよばれる鉄が使われている。砂型に溶けた鉄を流し込んで製造される鋳鉄は、同じ形の製品を大量生産するのに向いているので、マンホール蓋や受け枠などに利用されている。

ナマズ

埼玉県南東部の千葉県境の江戸川に面した吉川市は、江戸時代から舟運で栄え、早場米の産地としても有名でした。下水道のデザインマンホールは見つかりませんでしたが、水道の仕切弁に愛嬌のある「ナマズ」が描かれていました（写真612）。昔から川魚料理の食文化が根づいていて、市のシンボル的存在でもある「なまずの里」として売り出し中とかで、ナマズを食べられる食事処を紹介され、めったに機会がないので昼食にいただきました。

JR吉川駅前にある、金の親子なまず像。

淡白な味でいろいろな料理ができそうです。駅南口には大きな金の「なまずモニュメント」が飾られています。

群馬県板倉町は、県南東部の利根《とね》川と渡良瀬《わたらせ》川にはさまれた水田地帯にある町です。板倉町のマンホールにもナマズが描かれていました（写真613）。かつては河川や池沼が多く点在し、川魚料理の店も多い「水郷の郷」でした。板倉町のナ

612

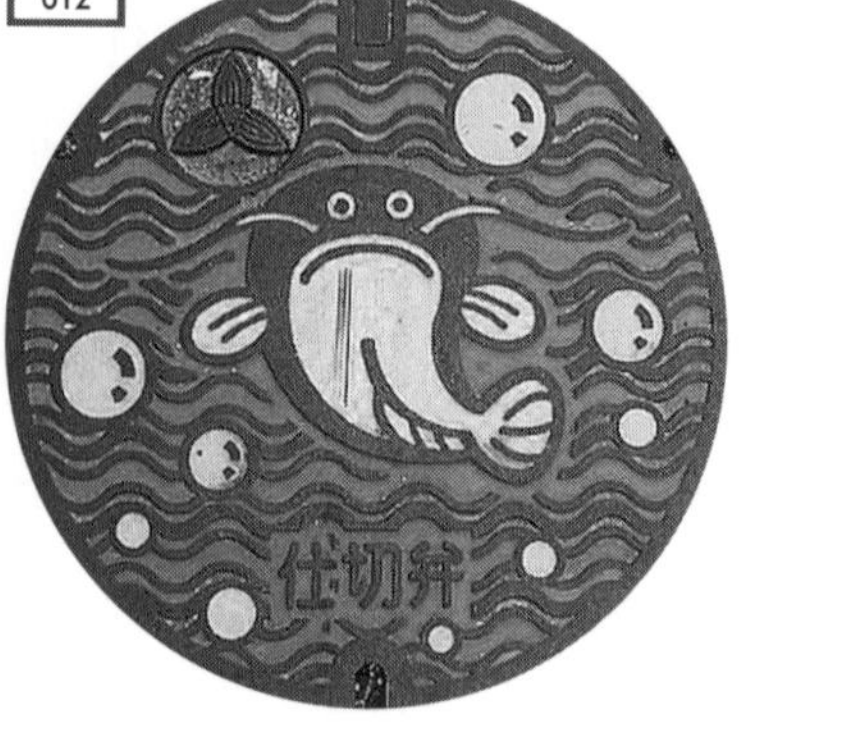

613

マズ料理の代表は、なんといっても天ぷらです。その姿からは想像できないほど淡白で癖がなく、ふっくらと柔らかくて美味しいと評判だったようです。町の東側には、2012年に「ラムサール条約登録湿地」となった渡良瀬遊水地があります。

ブリ

富山県北西部にある氷見《ひみ》市では、「ブリ」が市のマンホールに描かれています（写真614）。この地には「氷見寒ぶり」と呼ばれるブランド魚があり、判定委員会が決定した期間に富山湾の定置網で漁獲され、氷見魚市場で競られたブリのことを指します。魚体や重さが一定の水準を満たしていないものは除外されます。また氷見市といえば、石巻《いしのまき》市、境港《さかいみなと》市などと同じく「漫画の街」でもあります。市内のまんがロードでは「忍者ハットリくん」とともに、作者の藤子不二雄Ⓐ氏による富山湾の魚を擬人化したキャラクター・ブリのブリンス君ほか「サカナ紳士録」が出迎えてくれました。

614

氷見市のイメージキャラクター、ブリンス君。

豆知識……日本の下水道用のマンホールの蓋の材質は、明治初期のものは木製の格子状のものだったといわれている。現在のような鋳鉄製のものは、1884年につくられた神田下水の蓋が最初だといわれている。

●ニジマス

長野県明科《あかしな》町（合併して安曇野《あづみの》市）は、長野県中部、松本盆地北東端の町です。旧明科町のマンホールには、町の花のアヤメと、ニジマスが描かれています（**写真615**）。駅前で鮮やかに着色されたマンホールを見つけました。明科町は、北アルプス山麓の豊富な湧水を利用したニジマス養殖の発祥地です。養殖のニジマスは刺身としても供されます。犀《さい》川沿いのあやめ公園では、毎年6月「あやめまつり」が開かれます。

●ハマグリ

三重県北部にある桑名市。桑名といえば「その手は桑名の焼き蛤」で有名です。やはりハマグリがマンホールの絵になっていました（**写真616**）。江戸時代からの名物で、その美味しさは「浜の栗」と呼ばれるほどだったといわれています。じつは現在、日本で「ハマグリ」として流通、消費されているものの多くは、別種のハマグリで、桑名市は「本ハマグリ」が獲れる日本で数少ない漁場の一つとされています。中央の図柄は旧桑名市の市章で、２００４年に誕生した新しい市章は、水と緑が交流する輪の中央に「ハマグリ」が描かれています。

615

616

617

618

カキ

広島県廿日市《はつかいち》市は、広島湾西岸にある都市です。マンホールには、瀬戸内海の養殖用カキ筏《いかだ》とカキ、舟と漁師の姿が描かれていました（**写真617**）。広島県のカキの生産量は全国一を誇り、廿日市市ではそのうち約16〜17パーセントを生産しています。最近では、種苗から一粒ずつ品質管理をおこなって育成する一粒かき養殖も定着し、全国に誇れるような水産物のブランド化に取り組んでいるそうです。

フグ

山口県下関《しものせき》市といえばフグです。マンホールには、期待どおり市の魚のフグが描かれていました（**写真618**）。ただし下関では福を招くようにと、呼び名は「フク」。絵柄は市のシンボルマーク「フクフクマーク」で、フクを愛らしく親しみやすく表現し、囲みの円は下関の頭文字「し」とダイナミックな海の波を表しています。下関はフグの水揚げ高が全国の8割を占める一大集積地であり、南風泊《はえどまり》市場は日本最大のフグ取り扱い市場として知られています。

豆知識……丸形で中央に市章の入ったマンホールのデザインは、おもにイギリスを参考に考案された。やがて、明治後半〜昭和初期頃、東京市と名古屋市に指導的な技術者がいたこともあり、「東京市型」と「名古屋市型」のデザインが二大勢力を形成するようになった。

ヒラメ

同じ山口県東部、瀬戸内海側の下松《くだまつ》市のマンホールには、橋と船と魚が描かれています（**写真619**）。橋は1970年に完成した深紅に塗られた笠戸《かさど》大橋で、市街と笠戸島を結んでいます。魚はヒラメですが、笠戸島で養殖されている〝笠戸ひらめ〟は、肉厚で脂がのり、ほのかな甘みが特長の下松自慢の高級食材です。笠戸ひらめは天然モノより美味と評判で、瀬戸内海の夕日を眺めながらいただくのが最高だそうです。ちなみに普通の魚は三枚におろしますが、ヒラメは「五枚おろし」にします。私も練習してできるようになりました。

タイ

徳島県鳴門《なると》市は県北東部にあり、「渦潮《うずしお》」で有名な鳴門海峡に面した都市です。鳴門市の汚水用のマンホールには、大鳴門橋の下に小舟と渦潮が描かれ、タイが飛び跳ねています（**写真620**）。鳴門海峡の激しい海流にもまれて育った「鳴門鯛」は、身が締まっていて最高級とされています。とくに春のタイは産卵期で脂がのり、その

619

620

美しい桜色から「桜鯛」とも呼ばれ珍重されます。中央に小さく描かれているのは、徳島県特産の「すだち」でしょう。

● カツオ

高知県中土佐町《なかとさ》は県中部の土佐湾西岸の町です。役場のある久礼《くれ》は、土佐湾の代表的カツオ漁港として知られています。私と同年代の方には、青《あお》柳裕介《やぎゆうすけ》の漫画に描かれた『土佐の一本釣り』の舞台になった町、というほうがとおりがいいでしょう。浜にはカツオの供養碑とともに、青柳氏の像が建てられていました。残念ながら下水のデザインマンホールは見つかりませんでしたが、消火栓にはカツオドリと飛び跳ねるカツオが描かれ、「鰹乃國《かつおのくに》」と誇らしげに書かれていました（**写真621**）。土佐のカツオ釣りは一本の釣り竿でおこなう豪快な「一本釣り」漁法で、餌はつけずに擬餌針《ぎじばり》で釣り上げます。毎年5月の第3日曜日には「かつお祭」が開催されます。初ガツオの時期の「カツオ」にこだわり、カツオのたたきやカツオ飯など、カツオづくしの料理が並ぶユニークな食のイベントです。

621

高知県中土佐町にある大正町市場。

豆知識……魚の登場するマンホールでいちばん多いのがアユ。下水道の普及により、川の浄化が進んで「アユの棲める川」になったことをアピールすることで、その効果をしめすものとして取りあげられるのではないかと考えられる。

● リンゴ

写真622は青森県板柳《いたやなぎ》町のマンホールです。板柳町は県西部の弘前《ひろさき》平野にあり、北は五所川原《ごしょがわら》市に、南西は弘前市に接する町です。ここは「りんごの里」で、マンホールの絵もリンゴの木と花でした。私が走った国道沿いも一面のリンゴの木で、ちょうど収穫時期だったので、色合いを良くするためのアルミシートが敷かれていました。毎年8月にはリンゴの豊作と作業の安全を祈願する「りんご灯《ひ》まつり」が開催され、たわわに実るリンゴを表す「りんご山笠」の提灯《ちょうちん》が町内を練り歩くそうです。

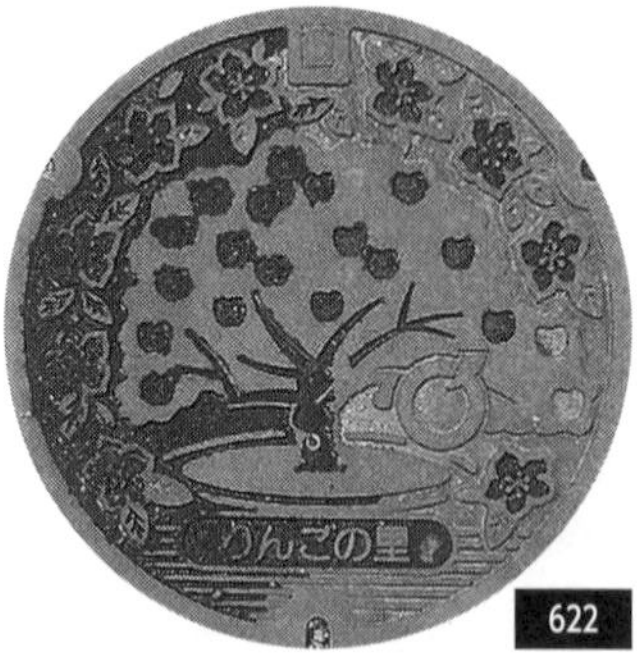

622

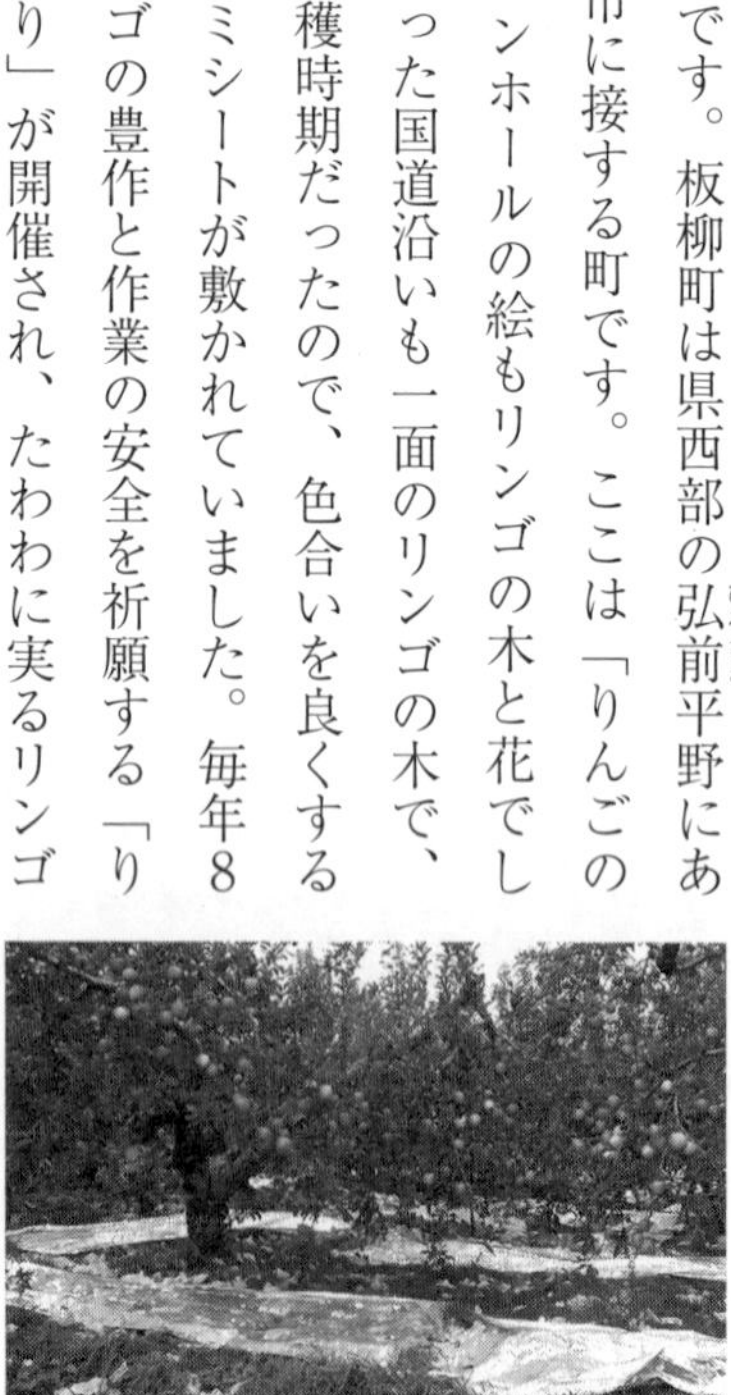

土地の３割がリンゴ畑だという板柳町。

青森県に隠れがちですが、秋田県もリンゴの産地です。県南西部の日本海に面した西目《にしめ》町（合併して由利本荘《ゆりほんじょう》市）のマンホールには、旧西目町の木のクロマツと特産のシイタケ、リンゴが描かれていました（**写真623**）。西目町では、わい化リンゴ栽培（背丈を低くして育てる）がさかんにおこなわれています。わい化リンゴは、普通より低い木で実らせるため、陽光をたっぷり受けられ、色

623

づきがよく糖度の高いリンゴが収穫できることが特徴だそうです。

青森県のリンゴは津軽《つがる》地方だけですが、長野県では各地にありました。**写真624**は三郷《みさと》村（合併して安曇野《あづみの》市）のマンホールです。三郷村は長野県西部の松本盆地中央部にある村です。マンホールに描かれていたのは北アルプスの常念《じょうねん》岳と真っ白なリンゴの花、中央には真っ赤なリンゴの実です。特産のリンゴは旧村の花にもなっています。休憩のために日陰を求めて役場に寄ったら、玄関にカラーのマンホールが飾ってあったので撮らせてもらいました。

長野県北部の斑《まだら》尾《お》山南麓にある三《さ》水《みず》村（合併して飯綱《いいづな》町）のマンホールにもリンゴの花と実が描かれています（**写真625**）。現在私たちが食べているのは、ほとんどが明治以降に導入された洋リンゴですが、飯綱には飯綱町の天然記念物に指定された全国でも希少な和リンゴ「高坂《こうさか》りんご」があります。完熟して落下する前に皮が剝けてくるのが特徴で、江戸時代には善光寺でお盆のお供えとして売られていたそうです。

624

625

豆知識……著者調べでは、マンホールの絵柄でもっとも多いのは「花」。撮影したなかには100種類以上が登場し、なかでも多いのはツツジ（サツキも含む）で、280以上の市町村のマンホールに登場する。多くは花のみが描かれているが、枝に咲く花が描かれているものもある。

626

県南部の飯田市もリンゴです（写真626）。マンホールには3つの真っ赤なリンゴの実が描かれていました。市内中央の大通りには400メートルにわたって「リンゴ並木」があります。これは1947年に発生した「飯田大火」からの復興のシンボルとして広まり、防火帯としても機能するように植えられたものです。現在は観光客にも親しまれ、日本の道百選に選定されています。大きなリンゴの実のなかに描かれているのは市章です。

●ミカン

リンゴは寒い地方でつくられますが、ミカンは暖かい地方の果物です。

静岡県三ケ日《みっかび》町（合併して浜松市）は浜名湖北岸の奥、猪鼻《いのはな》湖に面する町です。マンホールには、猪鼻湖に浮かぶヨットとミカンの実が描かれていました（写真627）。この地方で採れる「三ケ日みかん」は全国的に有名で、その代表品種である「青島」は、糖度が高く、独特の食味と大きく扁平な形が特徴です。奥に見える橋は浜名湖とのあいだに架かる新瀬戸橋です。

627

ミカンの段々畑が並ぶ愛宕山。

愛媛県西部にある八幡浜《やわたはま》市も、全国屈指のミカンの産地です。駅からフェリーターミナルに向かう途中、振り返って見た愛宕《あたご》山の斜面は、一面のミカンの段々畑でした。周辺の山地斜面は、温州《うんしゅう》みかんのほか、伊予柑《いよかん》やデコポン、ポンカンなども栽培されています。マンホールにも市の木のミカンの実がたくさん描かれていました（**写真628**）。市章が合併前のものですが、フェリーターミナルには保内《ほない》町と合併した後の市章のマンホールもありました。

628

629

高知県中東部、土佐湾に面し内陸部へ細長く伸びる香我美《かがみ》町（合併して香南《こうなん》市）は、北部の山《やま》南《みなみ》・山北《やまきた》の山地部を利用した「山北みかん」の特産地です。隣の夜須《やす》町（合併して香南市）から香我美町へ入ると、マンホールの絵柄が突然変わりました（**写真629**）。まんなかにあるのがミカンの実に見立てた旧町章のデザインで、その周りにはミカンの花が描かれています。江戸時代から受け継がれてきた「山北みかん」は、甘味と酸味のバランス

香南市は土佐出身の初横綱を輩出した地でもある。

がいいのが特徴です。道路わきに、ミカン頭のお相撲さんの柱が設置されていました。第三十二代横綱・玉錦のお墓があるそうです。

630

長崎県多良見町《たらみ》（合併して諫早市《いさはや》）は、県中南部大村湾に面する町。マンホールには大きくミカンが描かれています（写真630）。大村湾沿いを走る国道207号線は、オレンジロードと呼ばれ、絶好のドライブコースです。大村湾岸の伊木力《いきりき》地区を中心にミカンの栽培がおこなわれていますが、「伊木力系」と呼ばれる種の直系品種で、日本の温州みかんの2大系統の一つであり、薄皮で糖度が高いことで人気があります。

多良見町時代からの施設に残る、ミカンのマスコット。

大分県臼杵《うすき》市の農業集落排水のマンホールには、市の木のカボスが描かれています（写真631）。臼杵市は国宝にも指定されている石仏が有名ですが、農産物ではカボスがその代表です。市の特産果樹で、古くから民家の庭先に植栽されていました。言い伝えによると、江戸時代に宗源《そうげん》という医師が京から持ち帰った苗木を植えたのが始まりとか。絵柄を眺めているだけで、口のなかに思わずツバが湧いてきます。

631

ブドウ

山梨県中央部の甲府盆地東端にある勝沼《かつぬま》町（合併して甲州市）は、日本最古・最大のブドウ栽培の町です。マンホールには期待どおり、たわわな「ブドウの実」が描かれていました（写真632）。ここは江戸時代から山梨県固有のブドウ品種である「甲州ぶどう」の中心産地でした。その後、明治の近代化とともに西洋品種のブドウ栽培とワインの生産も始まり、ブドウとワインの一大産地となりました。現在は多くの品種を味わえる観光ブドウ園や、国際的にも評価の高いワイナリーもあります。

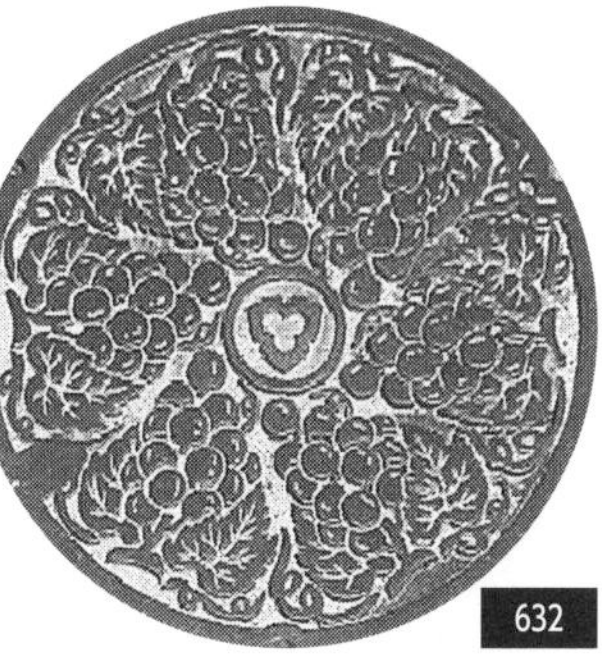
632

ブドウの実がついた、勝沼町のシャトルバス。

岡山県南部にある船穂《ふなお》町（合併して倉敷市）のマンホールに描かれているブドウは、特産のマスカット（マスカット・オブ・アレキサンドリア）です（写真633）。ここでは全国生産の約４割の温室マスカットを栽培しています。マスカットは「ブドウの女王」とも呼ばれ、エメラルドグリーンの実と優美な香り、こくのある甘みが特徴です。マスカットを取りまくように大きく描かれているのは、旧船穂町の木のヤマザクラの花でしょう。岡山県では、ほかにもいくつもの町村でブ

633

634

635

ドウが登場します。

北海道のブドウはワイン用でした。北海道中央部の富良野《ふらの》市のマンホールには、ブドウとワイナリーが描かれていました（**写真634**）。富良野でワインづくりが始まったのは１９７２年。以来、技術を磨き、コンクールで何度も賞を獲得する実力派となりました。毎年９月中旬には「ふらのワインぶどう祭り」が開かれ、チーズやソーセージなど北海道の特産品とあわせてワインを楽しめます。アルコールに弱い人には「ブドウ果汁」が用意されているので大丈夫です。

北海道南東部の十勝《とかち》平野東部にある池田町は「十勝ワイン」の町です。デザインマンホールを求めて、駅から役場への道路で見つけたのが**写真635**のマンホールです。池田町のワインづくりは、地震や冷害による町の財政危機を救うために、１９６０年、町内の青年たちがゼロからブドウ栽培に挑戦したのが始まりです。丘を上ったところに、ブドウ畑に囲まれた「ワイン城」があります。地下にはワインの製造工程の展示や熟成室があり、一階には十勝ワインの試飲コーナーもありました。

十勝平野が広がる池田町のブドウ畑。

モモ

福島県保原《ほばら》町（合併して伊達《だて》市）は福島盆地の東部に位置し、県都福島市に隣接する町です。マンホールには淡いピンクのモモの実が描かれていました（**写真636**）。阿武隈《あぶくま》川の流域では「モモ」の栽培が盛んで、私が走ったときも袋をかぶったモモが収穫を待っていました。全国でも有数の産地で、年間収穫量も福島市についで県内2位を誇っています。モモの周りの図形は旧保原町の地形のようです。

636

637

山梨県というとブドウをまず思い浮かべますが、モモも多く生産しています。甲府盆地東部にある一宮《いちのみや》町（合併して笛吹《ふえふき》市）のマンホールには、モモの実と花が描かれていました（**写真637**）。フルーツ王国といわれる山梨のなかでも、笛吹市の自慢の一つがモモです。観光果樹園も多く、花の時期にはモモのお花見ツアーもあります。雨の日でもハウスのなかで美しいピンク色の花を楽しめるので安心です。

豆知識……マンホールの絵柄に多い「花」のなかで、ツツジに次いで多いのがサクラ。約220市町村のマンホールに登場。こちらは一輪の花を大きく描いてあるものや、たくさんの花をちりばめたもの、満開の木全体を描いたものなど、バリエーションも豊か。

カキ

638

639

長野県高森町は県南部、飯田市の北にある天竜川中流西岸の町です。**写真638**のマンホールには干し柿が描かれていました。高森町の干し柿は、天竜川から来る朝霧と冬の気候の寒暖の差によって、柿本来の甘みが結晶となり、白く粉化粧されます。これが特産品の干し柿「市田《いちだ》柿」です。家々の軒先に吊るされた「柿すだれ」は、この地方の秋の風物詩になっています。

鳥取県東部、鳥取市の南にある郡家《こおげ》町（合併して八頭《やず》町）のマンホールには「花御所柿の里」と書かれ、籠に山盛りのカキが描かれていました（**写真639**）。花御所柿はこの地方だけで栽培される甘柿で、200年ほど前、野田五郎助翁《のだごろうすけおう》が大和《やまと》の国から持ち帰った枝を接ぎ木したものが広まったそうです。八頭町は「フルーツのまち」として花御所柿や二十世紀梨を中心とした栽培・加工品開発にも取り組んでいます。

柿すだれがかけられると、寒い冬の始まりとなる。

提供：信州・長野県観光協会

サクランボ

山形県寒河江《さがえ》市は県中央部、山形盆地西部にある農業中心の町で、サクランボが有名です。期待どおり、マンホールに描かれていたのは真っ赤なサクランボです。市の木にもなっています（写真640）。周りに描かれているのは、市の花のツツジです。サクランボの育ての親として知られるのは、鶴岡生まれの庄内藩士でのちに寒河江町長となった本多成允《ほんだせいいん》です。1887年頃から自宅周辺でサクランボの栽培を試み、啓蒙と普及に努めました。1964年に始まった「さくらんぼ祭り」は、種吹きとばし・マラソン・俳句大会・品評会など多彩な催しが繰り広げられ、6月の寒河江の町はサクランボ一色となります。

真っ赤に実る、寒河江のさくらんぼ。

640

同じく山形県の東根《ひがしね》市には、「さくらんぼ東根」という名前の駅があります。山形県のサクランボ栽培の中心地です。市内で見つけたマンホール（写真641）にも、サクランボの実と葉が描かれていました。東根市は果樹王国として全国的に知られ、サクランボの生産量は日本一です。サクランボの王様と称される「佐藤錦」はここ東根市が発祥の地で、佐藤栄助翁が品種改良をおこない1928年につくりだしたものです。

641

スイカ

岩手県滝沢村（市制施行して滝沢市）は、県庁所在地・盛岡市に隣接する場所にあります。２０１４年に市制施行する以前は、10年以上のあいだ「日本一人口が多い村」でした。**写真642**の農業集落排水のマンホールには、名産品として有名な滝沢スイカが描かれています。岩手山の火山灰が広がる水はけが良い土壌と、昼夜の寒暖差が大きい気候のおかげで、甘くみずみずしい果肉を味わえるそうです。

642

滝沢村にあるスイカ模様のガスタンク。

茨城県南部にある協和町（合併して筑西《ちくせい》市）の農業集落排水のマンホールでは、お日さまの光をたっぷり浴びて育つキュウリとスイカが描かれています（**写真643**）。ここは国内でも有数の「こだますいか」の産地で、県の銘柄産地指定を受けています。品種改良による大人の手の平にのるほどの小さいスイカで、新幹線〝こだま〟が誕生した年にできたことから「こだますいか」と名付けられたそうです。

643

● メロン

静岡県浅羽《あさば》町（合併して袋井《ふくろい》市）は、県西部の太田川下流左岸にある町です。ここは「クラウンメロン」と呼ばれる高級マスクメロンの産地で、マンホールにも特産のメロンが描かれています（**写真644**）。「クラウンメロン」とは、一本の木に一つの実だけを選び残し、すべての栄養を集めて育てる最高級のマスクメロンです。美しい外観と優れた味覚が特長で、まさに果物の王様です。

秋田県北部の能代《のしろ》市から南へ走っていると、柱に巻きついた龍が見えてきました。八竜《はちりゅう》町（合併して三種《みたね》町）の入口にあるこの龍は、農産物直売所のシンボル「ドラゴンタワー」です。八郎潟干拓地の北西にある農業の町で、特産物はメロン。マンホールにも立派なメロンが描かれていました（**写真645**）。全国でも八竜地域にしかない「サンキューメロン」をはじめ、様々な品種が生産されています。

644

645

ドラゴンタワーの龍は、その手にメロンをもっている。

豆知識……木を描いたマンホールも多い。50種類ほどあるなかで、圧倒的に多いのはマツ。150以上の市町村で描かれている。「市町村の木」に選定されているところが多いからだが、「名所の松」「銘木の松」などもあることが、多い理由として考えられる。

●クリ

北海道の駒ケ岳東麓にある森町のマンホールには、はじけたクリの実が描かれています（**写真646**）。町の木の「茅部《かやべ》ぐり」です。青葉ヶ丘公園にある「茅部の栗林」は北海道の天然記念物にも指定され、樹齢200年を超える130数本の老木が残っています。周りに描かれているのは町の花のサクラで、青葉ヶ丘公園や砂原《さわら》地区フラワーロードはサクラの名所です。

646

大阪府能勢《のせ》町は府の最北端に位置し、夏の気温は大阪市内よりも3～4度低く、「大阪の軽井沢《かるいざわ》」とも呼ばれます。マンホールには、長谷《ながたに》の棚田と茅葺《かやぶき》屋根の家、そしてクリの実が描かれています（**写真647**）。ここは「丹波《たんば》栗」の産地で、能勢の栗「銀寄《ぎんよせ》」は高級菓子にも使用される人気の品種です。左に描かれているのは町の木のケヤキです。能勢町には、樹齢1000年以上の「野間《のま》の大ケヤキ」があり、国の天然記念物に指定されています。

647

秋にはたわわに実をつける、茅部の栗林。
提供：北海道茅部郡森町

愛媛県中山町（合併して伊予《いよ》市）は県の西部、石鎚《いしづち》山脈の南斜面にある農林業の町です。この斜面を利用したクリの名産地として知られ、江戸時代には「中山栗」を将軍徳川家光《とくがわいえみつ》に献上し賞賛されたと伝えられています。マンホールにも、クリの実がイガのなかから顔をのぞかせていました（**写真648**）。クリは町の木で、駅前の土産物屋にも栗製品がたくさん置いてありました。

アンズ

写真649は、長野県更埴《こうしょく》市（合併して千曲《ちくま》市）の集落排水のマンホールです。アンズの実がたわわに実っています。千曲川東岸の丘陵地帯には「一目十万本」というアンズの木が植えられ、4月には辺り一面アンズの花のピンク色で彩られます。この花を観ようと、毎春、約20万人もの観光客が訪れます。6月下旬から7月中旬頃には果実となり、アンズ狩りも楽しめます。生産量は全国第一位で「日本一のアンズの里」です。

満開をむかえた「あんずの里」。

648

649

豆知識……マンホールに描かれる木のなかで、マツに続くのが、イチョウ、ケヤキ、モミジだ。イチョウとケヤキは東日本、モミジは西日本に多い。西日本のなかでも大阪府のマンホールにはクスノキが描かれていることが多い。河内を本拠地とした楠木正成にも関係がありそうだ。

オリーブ

瀬戸内海にある香川県土庄町《とのしょう》は、小豆島《しょうど》の北西部分と豊《て》島などで構成され、小豆島観光の玄関口です。写真650のマンホールは農業集落排水のもので、小豆島が舞台の小説「二十四の瞳」と「オリーブの実」が描かれています。小豆島はオリーブアイランドともいわれ、5月末に小さな白い花をつけ、秋には実が熟して次第に黒紫色に変わります。その果肉から絞られる「オリーブオイル」は、光沢、黄金に輝く色、高い栄養価などから「植物油の女王」と呼ばれています。

650

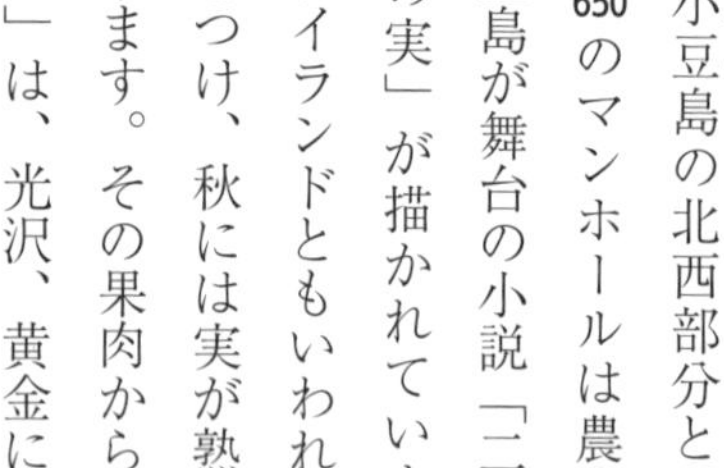
小豆島のオリーブ公園。

カボチャ

愛媛県松山市から伊予鉄道で見奈良《みなら》駅へ。そこが重信町《しげのぶ》（合併して東温市《とうおん》）です。マンホールには「重信」の文字と子どもたち、その背丈を超える大きな「どてかぼちゃ」が描かれています（写真651）。毎年春には「どてかぼちゃカーニバル」が開かれますが、これは農業青年の一人が研修で訪米した際、直径1メートル以上に育つ飼料用カボ

651

652

チャ「ビッグマックス」の種を持ち帰ったことがきっかけで、東温市の一大イベントにまで発展しました。上にあるのは東温市の市章です。２００４年に川内《かわうち》町と合併したので、合併後につくったものでしょう。

カボチャは珍しいのでもう一つ。**写真652**は茨城県西部にある総和町（合併して古河《こが》市）の農業集落排水のマンホールです。旧町の花のサルビアと、中央には笑顔のカボチャが描かれています。茨城県は北海道、鹿児島県に次ぐ全国有数のカボチャ産地で、総和地区の特産は「みやこかぼちゃ」です。甘みが強く、ほくほく感があるのが特徴です。

● タケノコ

京都府長岡京市は府の南西部、歴史と伝統のあるベッドタウンです。地名は７８４年、桓武《かんむ》天皇が造営した長岡京に由来します。真言宗《しんごんしゅう》の乙訓《おとくに》寺があり、その名を冠した「乙訓タケノコ」で知られるタケノコの名産地です。**写真653**のマンホールにも竹とタケノコが描かれています。京都独特の方法で栽培され、土から顔を出す前に掘り出される「白子たけのこ」は、軟らかく、えぐみ

653

が少なく、独特の風味と歯ざわりの良さが味わえます。

山城町《やましろ》（合併して木津川市《きづがわ》）も同じ京都府の南部、木津川の東岸にあります。台地ではタケノコを多く産出し、宇治茶の生産も盛んで製茶工場もあります。写真654のマンホールにも、タケノコとお茶の葉が描かれていました。タケノコの親である「孟宗竹《もうそうちく》」は250～300年前に中国から伝来し、山城地方にも移植されたといわれ、その昔より「京都山城たけのこ」として有名でした。一緒に描かれているモミジとキクは、旧町の木と花です。

654

タマネギ

大阪南部の泉佐野市と泉南市《せんなん》に囲まれた田尻町《たじり》は大阪湾に面し、海上には関西国際空港がはるかに望めます。この空港の中央部分の三分の一が田尻町であることを、地図を見て初めて知りました。マンホールにはニコニコ顔のタマネギたちがひしめいています（写真655）。田尻町は「泉州たまねぎ」の生産地です。タマネギのマンホールは、ここだけのようです。

655

7 地元のスポーツ自慢

E9764
E9948
E16155
E8643
ROYCE
E16249
E9773
ROYCE
E15834
MARADONA
ホクレン
E9098
ROYCE
E16214
2012 北海道マラソン
ホクレン
E9723
2012 北海道マラソン
ROYCE
E16218
ROYCE

冬季スポーツ

●冬季オリンピック

この章では少し趣を変えて、スポーツに関連するマンホールを紹介しましょう。スポーツの祭典といえば、四年に一度開かれるオリンピック。そのオリンピックが登場するのが、長野市のマンホールです（**写真701**）。長野市は1998年冬に「長野オリンピック」を開催した会場で、冬季オリンピックとしては、もっとも南に位置するといわれていました。開催記念マンホールには、シンボルマークと「第18回オリンピック冬季競技大会」の文字が英語で書かれています。

701

初めて見つけたときは傷みが激しく、あちらこちら剥げていたのですが、3年後に同じところできれいになったマンホールを撮ることができました。マンホールも、きちんとメンテナンスされているのです。

オリンピックもずいぶん昔の話になりました。2020年の東京のオ

長野オリンピック跡地。
提供：信州・長野県観光協会

リンピックの際には、東京都も記念マンホールをつくるのでしょうか。**写真702**も長野冬季五輪の記念マンホールです。野沢温泉村で見つけました。絵柄はほとんど長野市のものと同じですが、野沢温泉の名前が英語で書かれています。野沢温泉スキー場は、長野冬季オリンピックのバイアスロン会場でした。長野市のように色はついていませんが、〝銅メダル〟をいただいたような気持ちで撮らせてもらいました。撮影を終え、自転車で木島平《きじまだいら》村から峠を越えて野沢温泉の街へ走っているときには、右手にスキー場の緑色の斜面を見ながら、何度か訪れた雪の野沢を思い出しました。

702

スキー

旭川市は北海道の中央部にあり、上川《かみかわ》盆地の産業・交通・行政の中心都市です。旭川市のマンホールに描かれているスキーは「バーサースキー」といい、クロスカントリーのスキーです（**写真703**）。ここでは、毎年3月上旬に「国際バーサースキー大会」*1（2003年から「バーサーロペットジャパン」）が開かれています。マンホールを見つけたときには「一本ストックのスキー」かと思ったのですが、よく見ると雪原を走っているフォームでした。背景になっているのは北海道

703

豆知識……北海道の芦別市には「星の降る里　あしべつ」を象徴する星座マンホールが見られる。国道38号線の歩道に全7種。オリオン座、おおぐま座、いて座、おとめ座、さそり座、はくちょう座、ふたご座と続く。

の地図のようです。このマンホールをつくっているのは地元の鋳物屋さんで、北海道の家庭の必需品「ジンギスカン鍋」の製造もおこなっています。その生産量は日本一だそうです。

北海道の中央にある富良野《ふらの》市もスキーをマンホールの絵柄にしています。こちらはアルペンスキーです（**写真704**）。「スキーのまちふらの」は、ワールドカップの開催や、高校生にとって「スキーの甲子園」といわれる全国高等学校選抜スキー大会のアルペン種目の拠点になるなど、競技スキーのメッカとなっています。雪質の良さにも定評があります。マンホールには、富良野の山々をバックに、猛スピードで滑り降りる選手が描かれています。

704

青森県南部の温泉町の大鰐《おおわに》町のマンホールには、町のシンボルのワニとスキーが描かれています（**写真705**）。ワニは「町の動物」でもありますが、町名の〝ワニ〟の由来は、大きなサンショウウオがすんでいたという伝説からだともいわれています。スキーのほうは、レルヒ少佐[*2]のスキー講習会に参加した弘《ひろ》前《さき》師団の将校が、大鰐でスキーを紹介したことから大鰐のスキーが始まったといわれています。１９２５年にはここで第3回全日本スキー選手権大会がおこなわれました。駅前にはスキーをかついだピンクのワニが笑っています。ワニとスキー、あまりマッチしないようです。

705

飯山市は、長野県北部、千曲《ちくま》川下流西岸の都市で、日本でも有数の豪雪地帯として有名です。冬に訪れようとしたのですが、前日からの雪で飯山線が運転を見合わせ、長野から戻ったことがあります。飯山市で見つけたマンホールには、大雪のなかで一本ストックのスキーで遊ぶ子どもの姿が描かれていました（**写真706**）。寒さに負けない雪国の子どもらしい元気なようすです。

706

雪国でない地方でもスキー遊びができます。そりに乗った男の子が描かれているのは、佐賀県北東部のはずれにある基山《きやま》町のマンホールです（**写真707**）。基山町では、町の北にある基《き》山《ざん》の山頂から駐車場にかけて変化のある斜面が広がり、「草スキー」を楽しむことができます。春と秋のシーズンにはそりのレンタルもあり、家族連れに人気です。町の木と花になっているツツジも描かれています。

707

＊1　スキーの本場スウェーデンのグスタフ・バーサー王の名前に由来。クロスカントリースキー大会の原点である「バーサーロペット」の伝統を受け継ぐ大会として、1981年から開かれている。

＊2　日本にスキーを伝えたオーストリアの軍人。1910年に交換将校として来日、日本の陸軍に本格的なスキー指導をおこなった。

豆知識……カラーマンホールが置かれている場所は、街の中心の駅付近や商店街（特にアーケード）、役所の近く（玄関ロビーも要注意）が狙い目だ。ただし合併後の市町村で、合併前の市町村名のマンホールを堂々と展示しているところは、ほとんどない。

●アイスホッケー

北海道南部の工業都市・苫小牧《とまこまい》市のマンホールに描かれているのは「アイスホッケー」です（写真708）。苫小牧市と釧路《くしろ》市はアイスホッケーが盛んで、日本のアイスホッケー選手の大多数が両市の出身になっています。スキーを描いたマンホールはいくつもありますが、スケートは今のところほかには見つかりません。

苫小牧市は、工場があることから王子製紙の街としても知られ、「王子通り」もあります。最近は高校野球でも、「苫小牧」の名前が知られてきました。市の貝が特産のホッキガイになっているので、刺身をいただいてきました。

JR 苫小牧駅前で出迎えてくれるアイスホッケー少年。

708

球技スポーツ

サッカー

さいたま市の下水のマンホールは市の花や木でしたが（→P17）、水道関係のマンホールには、サッカーボールが描かれていました。**写真709**は消火栓の絵柄です。このような絵柄が道路のあちこちにあると、思わず蹴ってみたくなります。さいたま市は2001年に浦和市・大宮市・与野市が合併しましたが、これで2つのサッカーチーム（浦和レッズと大宮アルディージャ）が存在する市になりました。

709

静岡県の清水《しみず》市（合併して静岡市）といえば、浦和市と並んで「サッカー王国」として全国に知れわたっています。下水のマンホールの絵柄は市の花のキリシマツツジでしたが、消火栓にはカラーでサッカーの試合のようすが描かれていました（**写真710**）。消火栓のマンホールにも、それぞれの市町村の特徴を表しているものがたくさん見られます。ちなみに小さいのであまり目立ちませんが、水道の仕切弁もサッカーの絵柄です。

サッカーJ1横浜F・マリノスのシンボルキャラクターが描かれたマン

710

豆知識……2014年3月、第1回マンホールサミットが東京神田で開催された。主催はGKP（下水道広報プラットホーム）。国土交通省、日本下水道協会や地方公共団体の後援を得て、愛好家や研究者、ジャーナリストら約300名ほどがつめかけた。

ホールは、神奈川県横浜市の横浜スタジアムの周囲に置かれています（**写真711**）。この写真は、あるイベント会場で撮ったものですが、現地には十数枚置かれているなかに、1枚だけ片目をつぶってウインクしているものがあるそうです。置かれている場所がイベントごとに変えられているというので、よく見てみると、「絵柄」の部分がネジで止められているのがわかります。「デザイン・ストリーマー」＊といい、マンホールの表面の模様を自由に変えることができるのです。デザインは多様化しますが、鋳物の〝肌合い〟がないのがちょっとさみしいです。

711

＊専用の別蓋におさえリングとボルトで、デザインプレートを固定する。さまざまな用途にあわせて、プレートのとりかえがかんたんにできる。

712

●バスケットボール

秋田県能代《のしろ》市は、「ねぶながし」でも知られていますが（→P105）、「バスケの街」でもあります。**写真712**には、中央にバスケットボール、上の方に「ねぶながし」に登場するシャチホコが描かれています。NOSHIROのローマ字の「O」の中に描かれているのは、市の花のハマ

JR東能代駅にあるバスケットのゴールリング。

ナスです。能代市にある能代工業高校はバスケットボールの強豪校で、全国制覇も数多く成しとげています。街をあげて応援しているのです。能代駅と東能代駅のホームには、バスケットのゴールリングもあります。

少年野球

神《かみ》岡《おか》町（合併して大仙市）は、秋田県中央部にある醸造・製材の町です。マンホールに描かれているのはハカマ姿に下駄ばきの少年が野球をする姿です（**写真713**）。神岡町は「少年野球発祥の地」なのです。見つけたのは旧町役場の玄関。神岡町では、「福《ふく》乃《の》友《とも》」の福乃友酒造や「刈《かり》穂《ほ》」の刈穂酒造は知っていたのですが、少年野球発祥の地とはそれまで知りませんでした。同じ絵柄で「大仙市」と書いてあるふたもありましたから、合併後もこの絵柄のふたを見ることができます。

713

ゲートボール

「え？　ここが発祥の地だったの？」と驚かされたものがあります。北海道中央部十《と》勝《かち》平野の北西部にある芽《め》室《むろ》町です。地名はアイヌ語で「メム・オロペツ」（泉から流れてくる川）または「メムオロ」（凍る穴）に由来するといわれています。**写真714**のマンホールに描かれている木はカシ

714

ワ、その木の横でクラブを握っているのは、ゲートボールでしょうか？ 確かに足でボールを押さえています。ここ芽室町は、「ゲートボール発祥の地」なのです。町内には「ゲートボール発祥の碑」や「ゲートボール資料室」もあります。町の観光案内所のウインドウには、ゲートボールのクラブが誇らしげに展示されていました。全国規模のオープン大会も毎年開催されています。

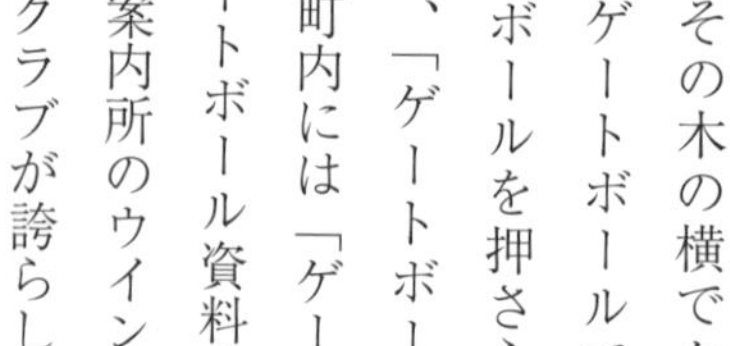

観光案内所に掲示されていたお知らせ。

まだあるスポーツマンホール

●駅伝

毎年正月におこなわれる箱根駅伝は、東京の大手町から箱根の芦ノ湖までの往復約220キロメートルを10人のランナーでつなぐ学生長距離界最大の駅伝競走で、たいへん人気があります。そ

715

の駅伝マンホールを小冊子（横浜の街案内）で見つけ、横浜市の保《ほ》土《ど》ケ《が》谷《や》駅の駅前へ行って発見したのが、**写真715**です。この絵柄では、走っている選手は現代風ですが、背景は江戸時代の「東海道」の風景です。海を右手に走っていますから、「復路」なのでしょう。

駅伝マンホールをもう一つ。青森県中東部の下北半島の付け根にある東北町は、農業の町であると同時に「駅伝といで湯の町」でもあります。町内には小学生から大人まで多くのチームがあり、毎年おこなわれる駅伝大会は大いに盛り上がります。**写真716**のマンホールにも元気のよいランナーのキャラクターが描かれています。青森県内で開かれる県民駅伝大会では、町の部で13連覇を果たした記録をもっています。

716

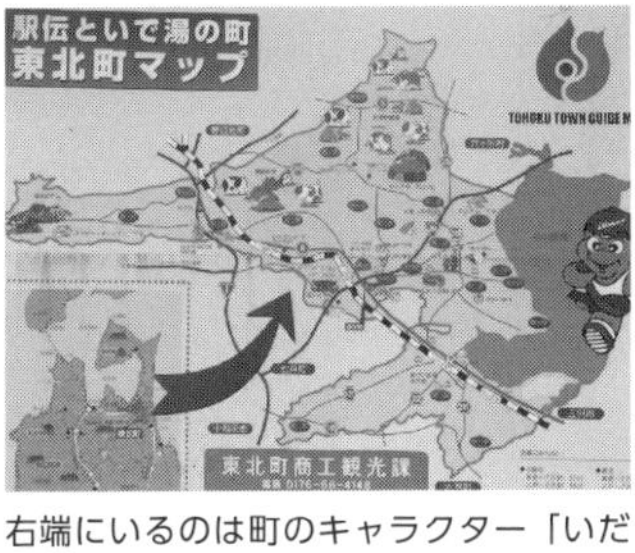

右端にいるのは町のキャラクター「いだてんくん」。

●ボート競技

埼玉県南部にあり、荒川を境に東京都と接している戸田市のマンホールには、漕艇場と市の木のモクセイ、市の花のサクラソウが描かれています（**写真717**）。新幹線からも見える戸田漕艇場は、東京オリンピックのボート競技の会場になったところで、聖火台も造られています。私が行ったと

717

きには強い風にもかかわらず、学生のボート部のメンバーが風に向かってオールを動かしていました。

現在は、荒川を渡る戸田橋がかかっていますが、明治初年まで、荒川を渡るには「戸田の渡し」と呼ばれる船の渡しに頼らざるをえなかったといいます。

戸田橋から荒川をながめる。

●競輪

新潟県中部にある弥彦《やひこ》村の中心は、古くから「おやひこさま」と呼ばれる彌彦《やひこ》神社です。マンホールには神社はありませんが、神社の背にある弥彦山と、山頂までのロープウェイ、神社裏の競輪場でおこなわれる弥彦競輪が描かれています（写真718）。マンホールに「競輪」というのも珍しいです。弥彦山は新潟平野にぽつんとそびえる山で、ロープウェイを上った山頂からは、広い新潟平野の田園地帯が見渡せます。海側には佐渡《さど》が見えるとのことでしたが、行ったときには春の霞で見えませんでした。

718

ハンググライダー・パラグライダー

田代《たしろ》町（合併して大館《おおだて》市）は秋田県北部にあり、米代《よねしろ》川中流北岸から青森県境までのびる林業の町です。ハンググライダーやアユ釣りのメッカとしても知られるほか、特産のタケノコを活かしたイベントなども盛んです。**写真719**のマンホールにはハンググライダー、アユ、タケノコが描かれています。町の北側にある十ノ瀬《とおのせ》山にはハンググライダーのリリースエリアが設定されていて、毎年9月に「かもしかカップ」が開催されます。町の南側に流れる米代川では8月に全国アユ釣り大会があり、支流の早口川、岩瀬川で大アユが釣りあげられるそうです。特産のタケノコは「根曲がり竹」と呼ばれるもの。採れたてを素焼きにしていただきたいものです。

719

大佐《おおさ》町（合併して新見《にいみ》市）は岡山県の北西部、高梁《たかはし》川上流の小阪部《こさかべ》川流域にある町です。マンホールには町の花のシャクナゲ、町の木のヒノキ、町の鳥のウグイスにくわえて、パラグライダーも描かれていました（**写真720**）。町の中西部にある大佐山はパラグライダーのメッカともいわれ、麓《ふもと》にはスカイスポーツのスクールがたくさんあります。大佐山から小阪部川を眼下に見て、風の音を聞きながらの降下は、さぞかし気持ちよいことでしょう。

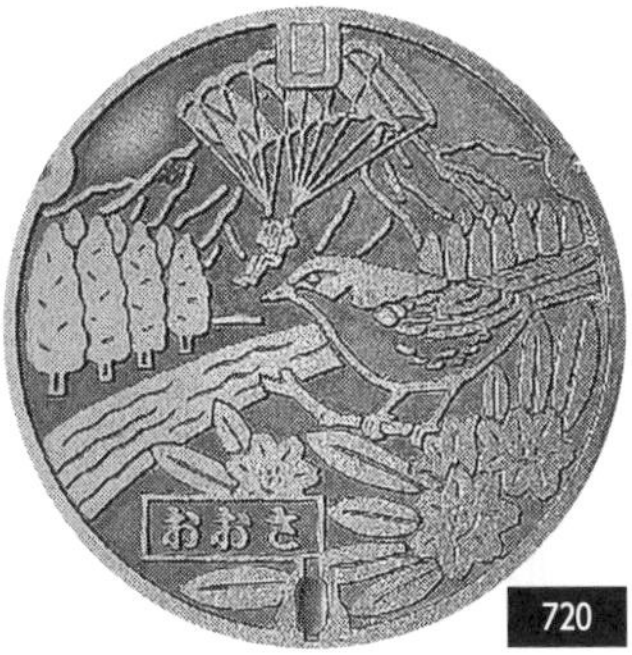

720

豆知識……マンホールの写真を撮るときに、小さなハケを使う人もいる。蓋の凹凸についた表面の汚れをハケで払うことで、絵柄をみえやすくし、写真うつりをよくするためだ。一方、汚れもその蓋の風情だと思う人は、そのまま撮影する（著者は後者にあたる）。

マンホール雑学

デザインマンホールの仕掛人

マンホールの蓋が幾何学模様では味気ないということで、地域の特色をデザインするようになったのは、昭和60年代のことです。当時の建設省公共下水道課建設専門官が、下水道事業のイメージアップと市民へのアピールのために、各自治体が独自のデザインマンホールにすることを提唱し、デザイン化がはじまったといわれています。その後、1986年に『下水道マンホール蓋デザイン20選』が、翌1987年には『マンホールの表情』、1989年に『路上の紋章』、1993年に『グラウンドマンホールデザイン250選』が、建設省下水道部監修で発刊されたこともあり、全国の事業体が競い合ってデザイン化を進めるようになりました。

　全国市町村におけるデザイン化は、だんだんと勢いがつき、いまでは有名なデザイナーに依頼するほどにまでなっているそうです。ここで注目したいのが、そういった要望に答える製造メーカー側です。型のデザイン、制作費、型の保管費など対応におわれながらも、製造方法の工夫などでさまざまな要望にこたえています。

研究を重ねた次世代型のマンホール。歩道用はスリップやつまずき防止だけでなく、車いすの通行や転倒したときのけがの軽減に配慮されている。車道用は、ぬれた路面でもタイヤがスリップしないよう特殊な構造の突起がついている。

（写真提供：日之出水道機器）

8 楽しいのはデザインマンホールだけじゃない

ここまで、いろいろなデザインマンホールをご紹介してきました。

でも私が楽しんでいるのはマンホールの絵柄のバリエーションだけではないのです。「はじめに」でご紹介した**写真003**（→P２）は群馬県の草津町のもので、表面に書いてあるのはカタカナの「サ」でした。数えてみると〝９つ〟あります。「サの字が９つで〝クサ〟ツ」です。「草津町さん、面白いことをやるなぁ」と思いました。

そのあと草津の街中を歩いていて見つけたのは**写真801**のマンホールです。中央にある町章が「サの字が９つ」です。あれが町章だったとは……。町章をマンホールの全面に描くというのは私には考えつきませんでした。こんな洒落っ気のあるマンホールは珍しいと、以来、私は市町村章に注目することになりました。私にとっては「非デザインマンホール」もおろそかにはできません。

写真802は水戸《みと》市のマンホールにありました。カタカナの「ト」が３つのなかに「市」です。市章のほうは**写真803**です。こちらは「ト」の字がなかなかわかりませんでしたが、**写真802**を見て「そうか！」と思い当たりました。

写真804は岩手県の久慈《くじ》市のマンホールにあったものです（１代目の市章）。これは平仮名の「じ」の形に見えないでしょうか？　９つあります。このような〝語呂合わせ〟が結構あります。

801

802

803

804

次に写真を並べてみますので、どこの市町村章か考えてみてください。ご存じない市町村もあるとは思いますが、推理を楽しんでみてください。

ヒント……新津《にいつ》市／川越《かわごえ》町／室蘭《むろらん》市／三水《さみず》村／大鰐《おおわに》町／釜石《かまいし》市／呉《くれ》市／大胡《おおご》町／三和《さんわ》町／阿見《あみ》町／美川《みかわ》町／三国《みくに》町／豊野《とよの》町／豊川《とよかわ》市／韮崎《にらさき》市／美和《みわ》町／豊能《とよの》町／熊取《くまとり》町／田尻《たじり》町／鷲宮《わしみや》町／久留米《くるめ》市／六戸《ろくのへ》町／芦屋《あしや》町／和島《わしま》村（順は入れかえてあります）

■市町村章の説明

写真No.	市町村名（道・府・県）		
805	室蘭《むろらん》市（北海道）	「ロ」の字が6つ、中央にランの花	
806	大鰐《おおわに》町（青森県）	「大」の字と輪が2つ	
807	六戸《ろくのへ》町（青森県）	「戸」の字が6つ	
808	釜石《かまいし》市（岩手県）	2本の鎌と「イ」の字が4つ	
809	阿見《あみ》町（茨城県）	「ア」の字が3つ	
810	三和《さんわ》町（茨城県）	「ワ」の字が3つ	（合併して古河《こが》市）
811	大胡《おおご》町（群馬県）	「大」の字が5つ	（合併して前橋市）
812	鷲宮《わしみや》町（埼玉県）	「ワ」の字が4つ、中央に「宮」	
813	新津《にいつ》市（新潟県）	「井」の字が2つ、中央に「ツ」	
814	和島《わしま》村（新潟県）	「輪」の中に「マ」の字が4つ	（合併して長岡市）
815	美川《みかわ》町（石川県）	「輪」の中に「カ」の字が3つ	（合併して白山《はくさん》市）
816	三国《みくに》町（福井県）	「国がまえ」が3つ	（合併して坂井市）
817	韮崎《にらさき》市（山梨県）	「ラ」の字が2つ	
818	豊野《とよの》町（長野県）	「ト」の字が4つの中に「の」	（合併して長野市）
819	三水《さみず》村（長野県）	「水」の字が3つ	（合併して飯綱《いいづな》町）
820	豊川《とよかわ》市（愛知県）	「ト」の字が4つの中に「川」	
821	美和《みわ》町（愛知県）	「輪」が3つ	
822	川越《かわごえ》町（三重県）	川の字の周りに「エ」が5つ	
823	豊能《とよの》町（大阪府）	「ト」の字が4つの中に「の」	
824	熊取《くまとり》町（大阪府）	「マ」の字が9つ、中央に「り」の字が10個	
825	田尻《たじり》町（大阪府）	「田」の字が4つ、中央に「り」	
826	呉《くれ》市（広島県）	「レ」の字が9つ	
827	久留米《くるめ》市（福岡県）	「ル」の字が9つ、中央に「米」	
828	芦屋《あしや》町（福岡県）	「ア」の字が4つ、中央に「屋」	

いかがでしたか？　**写真818**の豊野《とよの》町（合併して長野市）と**写真823**の豊能《とよの》町、どちらも「とよの」ですが、微妙に違っているのも面白いです。**写真814**の和島《わしま》村（合併して長岡市）の「マ」の字のうち2つは裏返しになっていると考えました。いずれも私の個人的な解釈ですが、おそらく「正解だろう」と思っています。

合併後の市町村章は、どちらかというと抽象的な図柄が多くなっているようです。解き明かす楽しみがまた増えそうです。

著者手づくりのマンホール冊子（左）とカタログ（右）。これまでに撮影したマンホールを県別にまとめ、足を運んだ市町村には色をぬって区別している。

すでに冊子は13集となった。この冊子をほしがるマンホールファンも少なくない。

おわりに

前著『日本のマンホール』を自費出版してから、早いもので2年余りが経ちました。購入していただいた方々から「次はまだ?」と聞かれ、その気になってきたところに、全国各地のマンホールの絵柄から日本の文化や歴史を見てみたい、という今回のお話がありました。まさに〝渡りに舟〟、喜んで書かせていただくことにしました。

デザインマンホールの主役は各市町村の「花・木・鳥」ですが、あまりに数が多く、どのようにまとめるか見当がつきません。今回は絞り込んだテーマごとにまとめてみました。登場しなかった市町村の方々、お許しください。

今回ご紹介したマンホールの写真は、基本的には私が現地に足(自転車)を運んで撮ったものです。インターネットで調べれば、ほとんどのマンホールを見ることができるのでしょうが、やはり現地で〝発見〟したときの喜びは格別なものがあります。特に(見つかることを期待していない)公共下水道未実施の市町村で集落排水のマンホールを見つけたときや、雨の中、自転車を走らせていて楽しいデザインのマンホールに出逢えたときなど、疲れがいっぺんに吹き飛びます。

とはいっても、本書の掲載写真には多くの方々の協力もあります。旧職場の同僚の井上彰三氏・太田裕誌氏は、自分の趣味のついでに「面白いのを撮って来たよ」と写真を提供してくださいました。前著が縁で知り合った「昆虫芸術研究家」の柏田雄三氏からは、〝昆虫のマンホール〟のついでに撮ったものを、また私と同じマンホールファン（同年代の女性が多いのですが）の方々からも、「旅行の際に撮ってきたものです」といただきました。この場を借りて「ありがとうございます。今後もよろしく」とお礼を申し上げたいと思います。

私の〝マンホール探し〟はまだ中間地点です。今後も自転車を担いで、あるいは時刻表を片手にまだまだ続きます。楽しいマンホールのデザインにちょっとしたコメントをつけて、また皆様にご紹介できる日が来ることを期待して、今回は終了です。

執筆にあたっては、各市町村ならびに観光協会の資料などを参考に補わさせていただきました。ありがとうございました。

最後に、構成などに助言をいただき、私のつたない文章の繕いと編集をおこなってくださった「こどもくらぶ」の二宮祐子さん、400個近くもあるマンホールの写真を切り抜いてわかりやすくデザインしてくださった「エヌ・アンド・エス企画」の吉澤光夫さんに感謝いたします。「ほめて伸ばす」おだてに乗って、気持ちよく書かせていただきました。

石井　英俊

2015年6月

《著者紹介》

石井 英俊（いしい・ひでとし）

千葉大学理学部化学科（生物化学教室）卒。2011年3月で退職するまで37年間、東京都下水道局に勤務。下水処理の水質管理と開発業務にかかわってきた。45歳から収集をはじめたマンホールの蓋の写真は4000枚を超え、現在も進行中。日本全国を折りたたみ自転車でまわりながら、各市町村のマンホールを撮り続けている。撮影した写真は、地域別にまとめてパソコン上でデータ管理。エリアごとにくくって手作りの冊子にとりまとめ、そのディテールな紹介文がマニアの心をくすぐっている。最近では、マンホールについて講演する機会も増え、大人や子どもに向けて、意匠のおもしろさなどを紹介している。以前、テレビ東京の『たけしのニッポンのミカタ！』で、「お金のかからない趣味で人生を楽しんでいる人」として紹介されたことがある。著書に『日本のマンホール　マンホールの教えてくれること』（御園書房）。

編集：こどもくらぶ（二宮祐子）
制作：エヌ・アンド・エス企画（吉澤光夫）
校正：くすのき舎

シリーズ・ニッポン再発見①
マンホール
──意匠があらわす日本の文化と歴史──

2015年9月10日　初版第1刷発行　〈検印省略〉
2019年9月10日　初版第4刷発行

定価はカバーに
表示しています

著　　者　石井英俊
発 行 者　杉田啓三
印 刷 者　和田和二

発行所　株式会社　ミネルヴァ書房
607-8494　京都市山科区日ノ岡堤谷町1
電話代表　(075)581-5191
振替口座　01020-0-8076

平河工業社

ISBN978-4-623-07447-1
Printed in Japan

さくいん
都道府県別デザインマンホール

※( )内は市町村名の読み方、000 は写真番号、〔 〕内は合併後の市町村名。
ローマ数字は巻頭カラー特集のページ数、算用数字は本文のページ数。

北海道

旭川市(あさひかわし) 703 ……193
池田町(いけだちょう) 635 ……180
奥尻町(おくしりちょう) 603 ……163
京極町(きょうごくちょう) 227 ……iv、57
札幌市(さっぽろし) 103 ……10
苫小牧市(とまこまいし) 708 ……196
函館市(はこだてし) 304 ……70
306 ……v、71
601 ……viii、162
東川町(ひがしかわちょう) 402 ……101
富良野市(ふらのし) 401 ……100
634 ……180
704 ……194
室蘭市(むろらんし) 805 ……207
芽室町(めむろちょう) 714 ……200
森町(もりまち) 228 ……57
646 ……186
稚内市(わっかないし) 226 ……56

青森県

青森市(あおもりし) 104 ……11
板柳町(いたやなぎまち) 622 ……174
稲垣村(いながきむら) 231 ……58
〔つがる市(つがるし)〕
岩木町(いわきまち) 229 ……58
〔弘前市(ひろさきし)〕
大鰐町(おおわにまち) 705 ……194
806 ……207
柏村(かしわむら) 230 ……58
〔つがる市(つがるし)〕
黒石市(くろいしし) 544 ……vii、156
五所川原市(ごしょがわらし) 403 ……101
下田町(しもだまち) 610 ……167
〔おいらせ町(おいらせちょう)〕
東北町(とうほくまち) 716 ……201
常盤村(ときわむら) 404 ……102
〔藤崎町(ふじさきまち)〕
南部町(なんぶちょう) 405 ……102
八戸市(はちのへし) 546 ……156
平内町(ひらないまち) 605 ……164
弘前市(ひろさきし) 002 ……2
六戸町(ろくのへまち) 807 ……207

岩手県

石鳥谷町(いしどりやちょう) 501 ……134
〔花巻市(はなまきし)〕
釜石市(かまいしし) 407 ……vi、103
808 ……207
久慈市(くじし) 804 ……206

滝沢村(たきざわむら) 232 ……59
〔滝沢市(たきざわし)〕
642 ……184
種市町(たねいちまち) 604 ……163
〔洋野町(ひろのちょう)〕
玉山村(たまやまむら) 233 ……59
〔盛岡市(もりおかし)〕
花巻市(はなまきし) 406 ……103
宮古市(みやこし) 611 ……viii、167
盛岡市(もりおかし) 105 ……11
106 ……11
山田町(やまだまち) 606 ……165

宮城県

石巻市(いしのまきし) 409 ……vi、104
一迫町(いちはさまちょう) 410 ……104
〔栗原市(くりはらし)〕
気仙沼市(けせんぬまし) 607 ……165
仙台市(せんだいし) 107 ……12
408 ……104
鳴子町(なるこちょう) 545 ……156
〔大崎市(おおさきし)〕
宮崎町(みやざきちょう) 505 ……136
〔加美町(かみまち)〕
涌谷町(わくやちょう) 324 ……81

秋田県

秋田市(あきたし) 108 ……ii、12
羽後町(うごまち) 417 ……107
大曲市(おおまがりし) 415 ……106
〔大仙市(だいせんし)〕
男鹿市(おがし) 414 ……vi、106
角館町(かくのだてまち) 416 ……vi、107
〔仙北市(せんぼくし)〕
神岡町(かみおかまち) 713 ……viii、199
〔大仙市(だいせんし)〕
協和町(きょうわまち) 452 ……127
〔大仙市(だいせんし)〕
小坂町(こさかまち) 317 ……77
五城目町(ごじょうめまち) 326 ……v、83
十文字町(じゅうもんじまち) 235 ……iv、60
〔横手市(よこてし)〕
田代町(たしろまち) 719 ……203
〔大館市(おおだてし)〕
鳥海町(ちょうかいまち) 234 ……60
〔由利本荘市(ゆりほんじょうし)〕
西目町(にしめまち) 622 ……175
〔由利本荘市(ゆりほんじょうし)〕
能代市(のしろし) 411 ……vi、105
712 ……198
八森町(はちもりまち) 608 ……166
〔八峰町(はっぽうちょう)〕

八竜町（はちりゅうまち） 645 ……185
〔三種町（みたねちょう）〕
湯沢市（ゆざわし） 412 ……vi、105
413 ……105
横手市（よこてし） 325 ……82

山形県

大江町（おおえまち） 420 ……vi、108
尾花沢市（おばなざわし） 418 ……107
419 ……vi、108
上山市（かみのやまし） 421 ……109
寒河江市（さがえし） 640 ……viii、183
酒田市（さかたし） 316 ……v、76
鶴岡市（つるおかし） 315 ……v、76
天童市（てんどうし） 538 ……153
539 ……vii、153
東根市（ひがしねし） 641 ……183
松山町（まつやままち） 327 ……83
〔酒田市（さかたし）〕
山形市（やまがたし） 109 ……13
八幡町（やわたまち） 237 ……60
〔酒田市（さかたし）〕
遊佐町（ゆざまち） 236 ……60

福島県

会津坂下町（あいづばんげまち） 422 ……109
会津若松市（あいづわかまつし） 238 ……61
猪苗代町（いなわしろまち） 239 ……62
桑折町（こおりまち） 305 ……70
白河市（しらかわし） 328 ……83
福島市（ふくしまし） 110 ……14
318 ……77
保原町（ほばらまち） 636 ……181
〔伊達市（だてし）〕

茨城県

阿見町（あみまち） 809 ……207
石岡市（いしおかし） 423 ……110
石下町（いしげまち） 329 ……84
〔常総市（じょうそうし）〕
牛堀町（うしぼりまち） 225 ……55
〔潮来市（いたこし）〕
協和町（きょうわまち） 643 ……184
〔筑西市（ちくせいし）〕
古河市（こがし） 424 ……110
三和町（さんわまち） 810 ……207
〔古河市（こがし）〕
総和町（そうわまち） 652 ……viii、189
〔古河市（こがし）〕
水戸市（みとし） 111 ……ii、15
112 ……15

栃木県

宇都宮市（うつのみやし） 113 ……16
益子町（ましこまち） 503 ……135
504 ……136

群馬県

板倉町（いたくらまち）613 ……168
大胡町（おおごまち）811 ……207
〔前橋市（まえばしし）〕
笠懸町（かさかけまち）458 ……130
〔みどり市（みどりし）〕
桐生市（きりゅうし）517 ……142
草津町（くさつまち）003 ……2
801 ……206
高崎市（たかさきし）425 ……111
富岡市（とみおかし）301 ……68
302 ……68
榛名町（はるなまち）240 ……62
〔高崎市（たかさきし）〕
藤岡市（ふじおかし）512 ……140
前橋市（まえばしし）114 ……ii、16

埼玉県

上尾市（あげおし）426 ……vi、111
岩槻市（いわつきし）313 ……v、75
〔さいたま市（さいたまし）〕
大宮市（おおみやし）528 ……vii、148
〔さいたま市（さいたまし）〕
小川町（おがわまち）524 ……vii、146
川越市（かわごえし）312 ……v、74
行田市（ぎょうだし）330 ……v、84
さいたま市（さいたまし）115 ……ii、17
116 ……17
709 ……viii、197
戸田市（とだし）717 ……viii、202
皆野町（みなのまち）427 ……112
三芳町（みよしまち）223 ……iv、55
毛呂山町（もろやままち）459 ……vii、131
吉川市（よしかわし）612 ……viii、168
鷲宮町（わしみやまち）812 ……207
〔久喜市（くきし）〕

千葉県

関宿町（せきやどまち）331 ……v、85
〔野田市（のだし）〕
千葉市（ちばし）117 ……ii、18
118 ……18
長南町（ちょうなんまち）428 ……112
富津市（ふっつし）224 ……55

東京都

東京都（とうきょうと）101 ……ii、8
小平市（こだいらし）221 ……iv、54
多摩市（たまし）222 ……54
多摩川流域下水道（たまがわりゅういきげすいどう）
102 ……9
八王子市（はちおうじし）450 ……vii、126
福生市（ふっさし）429 ……vi、113

神奈川県

小田原市（おだわらし）332 ……86
平塚市（ひらつかし）430 ……vi、113
山北町（やまきたまち）220 ……54
横浜市（よこはまし）119 ……19
120 ……19
711 ……198
715 ……viii、201

山梨県

市川大門町（いちかわだいもんちょう）431 ……114
〔市川三郷町（いちかわみさとちょう）〕
一宮町（いちのみやちょう）637 ……181
〔笛吹市（ふえふきし）〕
大月市（おおつきし）219 ……53
忍野村（おしのむら）217 ……53
勝沼町（かつぬまちょう）632 ……179
〔甲州市（こうしゅうし）〕
河口湖町（かわぐちこまち）218 ……iv、53
〔富士河口湖町（ふじかわぐちこまち）〕
甲府市（こうふし）121 ……20
豊富村（とよとみむら）513 ……141
〔中央市（ちゅうおうし）〕
中富町（なかとみちょう）523 ……145
〔身延町（みのぶちょう）〕
韮崎市（にらさきし）817 ……207
富士吉田市（ふじよしだし）214 ……iv、52
215 ……52
増穂町（ますほちょう）308 ……72
〔富士川町（ふじかわちょう）〕
山中湖村（やまなかこむら）216 ……52
六郷町（ろくごうちょう）540 ……154
〔市川三郷町（いちかわみさとちょう）〕

長野県

明科町（あかしなまち）615 ……viii、170
〔安曇野市（あづみのし）〕
飯島町（いいじままち）334 ……87
飯田市（いいだし）626 ……viii、176
飯山市（いいやまし）706 ……195
上田市（うえだし）433 ……115
更埴市（こうしょくし）649 ……187
〔千曲市（ちくまし）〕
小諸市（こもろし）333 ……86
三水村（さみずむら）625 ……175
〔飯綱町（いいづなまち）〕
819 ……207
塩尻市（しおじりし）507 ……137
諏訪湖流域下水道（すわこりゅういきげすいどう）
432 ……115
高森町（たかもりまち）638 ……182
豊野町（とよのまち）818 ……207
〔長野市（ながのし）〕
長野市（ながのし）122 ……iii、20
130 ……21

701 ……viii、192
野沢温泉村（のざわおんせんむら） 548 ……158
702 ……193
三郷村（みさとむら） 624 ……viii、175
〔安曇野市（あづみのし）〕

新潟県

小千谷市（おぢやし） 530 ……149
五泉市（ごせんし） 521 ……144
三条市（さんじょうし） 533 ……151
田上町（たがみまち） 319 ……78
月潟村（つきがたむら） 454 ……vii、128
〔新潟市（にいがたし）〕
長岡市（ながおかし） 335 ……87
中之島町（なかのしままち） 434 ……116
〔長岡市（ながおかし）〕
新潟市（にいがたし） 124 ……ii、21
125 ……ii、22
126 ……22
新津市（にいつし） 813 ……207
巻町（まきまち） 547 ……158
〔新潟市（にいがたし）〕
松代町（まつだいまち） 336 ……v、88
〔十日町市（とおかまちし）〕
見附市（みつけし） 455 ……129
村上市（むらかみし） 609 ……167
弥彦村（やひこむら） 718 ……202
与板町（よいたまち） 536 ……152
〔長岡市（ながおかし）〕
両津市（りょうつし） 602 ……162
〔佐渡市（さどし）〕
和島村（わしまむら） 814 ……207
〔長岡市（ながおかし）〕

富山県

城端町（じょうはなまち） 537 ……152
〔南砺市（なんとし）〕
大門町（だいもんまち） 435 ……116
〔射水市（いみずし）〕
富山市（とやまし） 127 ……ii、23
氷見市（ひみし） 614 ……viii、169

石川県

金沢市（かなざわし） 128 ……23
129 ……24
寺井町（てらいまち） 506 ……137
〔能美市（のうみし）〕
美川町（みかわまち） 815 ……207
〔白山市（はくさんし）〕
輪島市（わじまし） 456 ……vii、129

福井県

大野市（おおのし） 337 ……88
武生市（たけふし） 241 ……iv、63
福井市（ふくいし） 130 ……iii、24

三国町(みくにちょう) 309 ……72
〔坂井市(さかいし)〕
816 ……207

静岡県

浅羽町(あさばちょう) 644 ……185
〔袋井市(ふくろいし)〕
伊東市(いとうし) 436 ……117
掛川市(かけがわし) 339 ……89
御殿場市(ごてんばし) 207 ……49
208 ……49
静岡市(しずおかし) 131 ……25
202 ……iv、47
203 ……iv、47
島田市(しまだし) 213 ……51
437 ……118
清水市(しみずし) 201 ……iv、46
〔静岡市(しずおかし)〕
710 ……197
清水町(しみずちょう) 210 ……50
裾野市(すそのし) 209 ……49
韮山町(にらやまちょう) 206 ……48
〔伊豆の国市(いずのくにし)〕
沼津市(ぬまづし) 205 ……48
浜松市(はままつし) 438 ……118
藤枝市(ふじえだし) 212 ……51
富士市(ふじし) 204 ……iv、48
三ヶ日町(みっかびちょう) 627 ……176
〔浜松市(はままつし)〕
焼津市(やいづし) 211 ……iv、50

岐阜県

岩村町(いわむらちょう) 338 ……89
〔恵那市(えなし)〕
岐阜市(ぎふし) 132 ……25
白川村(しらかわむら) 303 ……69
多治見市(たじみし) 508 ……138
土岐市(ときし) 509 ……138
中津川市(なかつがわし) 439 ……119

愛知県

安城市(あんじょうし) 441 ……120
457 ……130
一色町(いっしきちょう) 444 ……121
〔西尾市(にしおし)〕
稲沢市(いなざわし) 443 ……121
529 ……148
犬山市(いぬやまし) 322 ……v、80
岩倉市(いわくらし) 518 ……143
岡崎市(おかざきし) 341 ……90
342 ……91
440 ……119
高浜市(たかはまし) 511 ……139
津島市(つしまし) 442 ……120
豊川市(とよかわし) 820 ……207

豊橋市(とよはしし) 307 ……71
340 ……90
名古屋市(なごやし) 133 ……26
134 ……26
日進市(にっしんし) 343 ……91
美和町(みわちょう) 821 ……207

三重県

伊賀市(いがし) 346 ……93
伊賀町(いがちょう) 345 ……92
〔伊賀市(いがし)〕
伊勢市(いせし) 001 …… i 、1
上野市(うえのし) 344 ……92
〔伊賀市(いがし)〕
川越町(かわごえちょう) 822 ……207
桑名市(くわなし) 526 ……147
616 ……170
津市(つし) 135 ……27

滋賀県

安曇川町(あどがわちょう) 542 ……155
〔高島市(たかしまし)〕
大津市(おおつし) 136 …… iii 、28
137 ……28
甲賀町(こうかちょう) 347 ……93
〔甲賀市(こうかし)〕
野洲市(やすし) 242 ……63
豊郷町(とよさとちょう) 445 ……122
彦根市(ひこねし) 323 ……81
日野町(ひのちょう) 522 ……145

京都府

京都市(きょうとし) 138 ……28
長岡京市(ながおかきょうし) 653 ……189
山城町(やましろちょう) 654 ……190
〔木津川市(きづがわし)〕

大阪府

泉大津市(いずみおおつし) 515 ……142
516 ……142
大阪市(おおさかし) 139 …… iii 、29
140 ……29
岸和田市(きしわだし) 348 …… v 、94
熊取町(くまとりちょう) 824 ……207
田尻町(たじりちょう) 655 ……190
825 ……207
豊能町(とよのちょう) 823 ……207
富田林市(とんだばやしし) 320 ……79
能勢町(のせちょう) 647 ……186
八尾市(やおし) 514 ……141

兵庫県

相生市(あいおいし) 446 ……122
出石町(いずしちょう) 314 ……75
〔豊岡市(とよおかし)〕
神戸市(こうべし) 141 ……30

142 ……30
西宮市（にしのみやし） 502 ……134
三木市（みきし） 534 ……151
養父町（やぶちょう） 531 ……149
〔養父市（やぶし）〕

奈良県

下市町（しもいちちょう） 543 ……155
奈良市（ならし） 143 ……iii、31
大和郡山市（やまとこおりやまし） 532 ……vii、150

和歌山県

和歌山市（わかやまし） 144 ……31

鳥取県

岸本町（きしもとちょう） 243 ……64
〔伯耆町（ほうきちょう）〕
郡家町（こおげちょう） 639 ……182
〔八頭町（やずちょう）〕
鳥取市（とっとりし） 145 ……iii、32

島根県

東出雲町（ひがしいずもちょう） 535 ……151
〔松江市（まつえし）〕
松江市（まつえし） 146 ……33
安来市（やすぎし） 451 ……127
横田町（よこたちょう） 541 ……154
〔奥出雲町（おくいづもちょう）〕

岡山県

大佐町（おおさちょう） 720 ……203
〔新見市（にいみし）〕
岡山市（おかやまし） 147 ……33
148 ……34
久世町（くせちょう） 447 ……123
〔真庭市（まにわし）〕
奈義町（なぎちょう） 453 ……128
備前市（びぜんし） 510 ……139
船穂町（ふなおちょう） 633 ……179
〔倉敷市（くらしきし）〕

広島県

呉市（くれし） 826 ……207
廿日市市（はつかいちし） 617 ……171
広島市（ひろしまし） 149 ……iii、34
150 ……iii、35
151 ……35

山口県

岩国市（いわくにし） 349 ……94
下松市（くだまつし） 619 ……172
下関市（しものせきし） 618 ……171
柳井市（やないし） 549 ……159
山口市（やまぐちし） 152 ……36
大和町（やまとちょう） 321 ……79
〔光市（ひかりし）〕

徳島県

旧吉野川流域下水道(きゅうよしのがわりゅういきげすいどう) 154 ……37

徳島市(とくしまし) 153 ……37

鳴門市(なるとし) 620 ……172

香川県

国分寺町(こくぶんじちょう) 527 ……147
〔高松市(たかまつし)〕

高松市(たかまつし) 155 ……iii、37

土庄町(とのしょうちょう) 650 ……188

飯山町(はんざんちょう) 244 ……65
〔丸亀市(まるがめし)〕

丸亀市(まるがめし) 350 ……95

愛媛県

宇和島市(うわじまし) 460 ……131

宇和町(うわちょう) 310 ……v、73
〔西予市(せいよし)〕

大洲市(おおずし) 461 ……132

川之江市(かわのえし) 525 ……146
〔四国中央市(しこくちゅうおうし)〕

重信町(しげのぶちょう) 651 ……188
〔東温市(とうおんし)〕

中山町(なかやまちょう) 648 ……187
〔伊予市(いよし)〕

新居浜市(にいはまし) 448 ……124

松山市(まつやまし) 156 ……38

八幡浜市(やわたはまし) 628 ……177

高知県

安芸市(あきし) 311 ……74

香我美町(かがみちょう) 629 ……177
〔香南市(こうなんし)〕

高知市(こうちし) 157 ……38

中土佐町(なかとさちょう) 621 ……173

福岡県

芦屋町(あしやまち) 551 ……vii、160
828 ……207

甘木市(あまぎし) 550 ……vii、159
〔朝倉市(あさくらし)〕

久留米市(くるめし) 519 ……vii、143
827 ……207

福岡市(ふくおかし) 158 ……39
159 ……39

佐賀県

鹿島市(かしまし) 351 ……96

基山町(きやまちょう) 707 ……195

佐賀市(さがし) 160 ……40

長崎県

多良見町(たらみちょう) 630 ……178
〔諫早市(いさはやし)〕

長崎市（ながさきし）161 ……41

熊本県

熊本市（くまもとし）162 ……iii、41

大分県

臼杵市（うすきし）631 ……178
大分市（おおいたし）163 ……42
佐伯市（さいきし）353 ……97
中津市（なかつし）352 ……v、96

宮崎県

延岡市（のべおかし）552 ……160
宮崎市（みやざきし）164 ……42

鹿児島県

鹿児島市（かごしまし）165 ……43

川内市（せんだいし）449 ……125
〔薩摩川内市（さつませんだいし）〕

沖縄県

玉城村（たまぐすくそん）354 ……97
〔南城市（なんじょうし）〕
仲里村（なかざとそん）520 ……144
〔久米島町（くめじまちょう）〕
那覇市（なはし）166 ……43

※本文で紹介している市町村名は、マンホール発見当時のものです。合併前の旧市町村名のうしろに〔　〕で合併後の市町村名を入れてあります。

●各章の扉写真（マンホールのある風景）

P7 ……京都府京都市大和大路通
P45 ……市街から望む富士山
P67 ……富岡製糸場の出入口（群馬県富岡市）
P99 ……大阪・岸和田のだんじり祭り
P133……山口ふるさと伝承総合センター（山口県山口市）
P161……春のふきのとう
P191……北海道マラソンのコース
P205……伊香保温泉の裏道（群馬県渋川市）